五年制高职专用教材

建筑工程测量实训指导

主　编　冯社鸣

副主编　缪建军　谢　美

参　编　孙　迅　袁继飞　杨奇树

温嘉慧　伏永凯　杨　铖

秦　滔　王秋燕　孙　静

主　审　袁建刚

北京理工大学出版社

BEIJING INSTITUTE OF TECHNOLOGY PRESS

内容提要

本书体现了工程测量实训指导的特点，让学生在明确施工实际岗位实践要求的基础上训练操作技能。全书注重施工测量岗位操作的规程要求、基本技能要求，有很强的针对性和实用性。全书共分七大部分，主要包括测量实训须知、操作规程、记录与计算规则，水准测量实训，角度测量实训，距离测量实训，全站仪及应用实训，建筑施工测量实训，变形观测实训等。

本书可作为高职高专院校工程测量课程的实训教材，也可作为进行测量放线工初、中级技能考证的培训教材，还可供建筑工程测量相关专业技术人员工作时参考使用。

图书在版编目（CIP）数据

建筑工程测量实训指导 / 冯社鸣主编.—北京：北京理工大学出版社，2023.8重印

ISBN 978-7-5682-5192-1

Ⅰ.①建…　Ⅱ.①冯…　Ⅲ.①建筑测量–高等学校–教学参考资料　Ⅳ.①TU198

中国版本图书馆CIP数据核字（2018）第007819号

出版发行 / 北京理工大学出版社有限责任公司

社　址 / 北京市丰台区四合庄路6号院

邮　编 / 100070

电　话 /（010）68914775（总编室）

（010）82562903（教材售后服务热线）

（010）68944723（其他图书服务热线）

网　址 / http://www.bitpress.com.cn

经　销 / 全国各地新华书店

印　刷 / 北京紫瑞利印刷有限公司

开　本 / 787毫米 × 1092毫米　1/16

印　张 / 10

字　数 / 329千字

版　次 / 2023年8月第1版第5次印刷

定　价 / 39.80元

责任编辑 / 钟　博

文案编辑 / 钟　博

责任校对 / 周瑞红

责任印制 / 边心超

出版说明

PUBLISHER'S NOTE

五年制高等职业教育（简称五年制高职）是指以初中毕业生为招生对象，融中高职于一体，实施五年贯通培养的专科层次职业教育，是现代职业教育体系的重要组成部分。

江苏是最早探索五年制高职教育的省份之一，江苏联合职业技术学院作为江苏五年制高职教育的办学主体，经过20年的探索与实践，在培养大批高素质技术技能人才的同时，在五年制高职教学标准体系建设及教材开发等方面积累了丰富的经验。“十三五”期间，江苏联合职业技术学院组织开发了600多种五年制高职专用教材，覆盖了16个专业大类，其中178种被认定为“十三五”国家规划教材，学院教材工作得到国家教材委员会办公室认可并以“江苏联合职业技术学院探索创新五年制高等职业教育教材建设”为题编发了《教材建设信息通报》（2021年第13期）。

“十四五”期间，江苏联合职业技术学院将依据“十四五”教材建设规划进一步提升教材建设与管理的专业化、规范化和科学化水平。一方面将与全国五年制高职发展联盟成员单位共建共享教学资源，另一方面将与高等教育出版社、凤凰职业教育图书有限公司等多家出版社联合共建五年制高职教育教材研发基地，共同开发五年制高职专用教材。

本套“五年制高职专用教材”以习近平新时代中国特色社会主义思想为指导，落实立德树人的根本任务，坚持正确的政治方向和价值导向，弘扬社会主义核心价值观。教材依据教育部《职业院校教材管理办法》和江苏省教育厅《江苏省职业院校教材管理实施细则》等要求，注重系统性、科学性和先进性，突出实践性和适用性，体现职业教育类型特色。教材遵循长学制贯通培养的教育教学规律，坚持一体化设计，契合学生知识获得、技能习得的累积效应，结构严谨，内容科学，适合五年制高职学生使用。教材遵循五年制高职学生生理成长、心理成长、思想成长跨度大的特征，体例编排得当，针对性强，是为五年制高职教育量身打造的“五年制高职专用教材”。

江苏联合职业技术学院
教材建设与管理工作领导小组
2022年9月

FOREWORD 前言

为了适应工程建设的日益发展，满足培养建筑工程类专业高级实用型人才对建筑工程施工测量知识的需要，本书结合职业院校人才培养方案、建筑工程测量课程的课程标准，根据建筑工程测量教材的总体安排，采用以完成实际施工案例为任务导向，要求学生按建筑施工的实际工作岗位分工协作完成实训任务的模式编写而成。本书力求满足基础理论要求、操作技能要求和岗位应用要求。

本书在编写过程中注重学生专业习惯的培养与思想理念的形成，操作中体现实际施工测量的程序与要求，更参考了工程测量的新标准和新规范，知识面广，具有较强的教学实用性和较宽的专业适应面。本书在编写过程中力求有所创新，删除了一些在建筑工程中较少使用的陈旧的内容，吸纳了先进的测量技术和新工法。

本书在编写过程中，大量参考了优秀教材和工程测量规范，并结合了日常教学、测量放线工考证和相关技能竞赛的方案，对建筑工程类相关专业具有很强的针对性。

本书由冯社鸣担任主编，由缪建军、谢美担任副主编，孙迅、袁继飞、杨奇树、温嘉慧、伏永凯、杨铖、秦滔、王秋燕、孙静参与了本书部分章节的编写工作。具体编写分工为：测量实训须知、操作规程、记录与计算规则由冯社鸣、孙迅编写；水准测量实训由伏永凯、温嘉慧编写；角度测量实训由缪建军、王秋燕编写；距离测量实训由谢美、杨奇树编写；全站仪及应用实训由袁继飞、秦滔编写；建筑施工测量实训由冯社鸣编写；变形观测实训由孙静、杨铖编写。孙迅、袁继飞负责全书的统稿工作，全书由袁建刚主审。

由于编者水平有限，书中难免存在疏漏和不妥之处，恳请读者及同行批评指正，以便修改，使之趋于完善。

编　者

目录

CONTENTS

1 测量实训须知、操作规程、记录与计算规则

■ 一、目的及有关规定

(1)实训能培养学生进行测量工作的基本操作技能，使学到的理论与实践紧密结合。

(2)在实训之前，必须复习教材中的有关内容，认真仔细地预习相关指导书，明确目的要求、方法步骤及注意事项，以保证按时完成相应任务。

(3)实验或实习分小组进行，组长负责组织协调工作，办理所用仪器工具的借领和归还手续。实训中每人都必须认真、仔细地操作，培养独立工作的能力和严谨的科学态度，同时要发扬团队协作精神。所有任务应在规定的时间和地点进行，不得擅自改变地点或离开现场。

(4)在实训过程中或实训结束时，若发现仪器工具有遗失损坏情况，应立即报告指导教师，同时要查明原因并进行处理。

(5)实训结束时，应提交书写工整、规范的实训报告及相应记录，经指导教师审阅同意后，才可交还仪器工具，结束工作。

■ 二、使用仪器、工具的注意事项

以小组为单位到指定地点领取仪器、工具，领借时应当场清点检查，如有缺损，可以报告实验室管理员予以补领或更换。

(1)携带仪器时，**注意检查仪器箱是否扣紧、锁好，拉手和背带是否牢固，并注意轻拿轻放**。开箱时，应将仪器箱放置平稳。

(2)开箱后，记清仪器在箱内安放的位置，以便用后按原样放回。提取仪器时，**用双手握住支架或基座轻轻取出，放在三脚架上，保持一手握住仪器，另一手拧连接螺旋，使仪器与三脚架牢固连接**。仪器取出后，应关好仪器箱，严禁在箱上坐人。

(3)**不可置仪器于一旁而无人看管**。应撑伞，严防仪器遭到日晒雨淋。

(4)若发现透镜表面有灰尘或其他污物，须用软毛刷或专用擦镜头纸拂去，**严禁用手帕、粗布或其他纸张擦拭**，以免磨坏镜面。

(5)各制动螺旋勿拧得过紧，以免损伤，**各微动螺旋勿转至尽头**，以防止失灵。

(6)**远距离搬站时必须装箱搬站**。

(7)仪器装箱时，应松开各制动螺旋，**按原样放回后先试关一次**，确认放妥后，再拧紧各制动螺旋，以免仪器在箱内晃动，最后关箱上锁。

(8)水准尺、标杆不准用作担抬工具，以防弯曲变形或折断。

(9)使用钢尺时，应防止扭曲、打结和折断，防止行人踩踏或车辆碾压，尽量避免尺身着水。携尺前进时，应将尺身提起，不得沿地面拖行，以防损坏刻划。用完钢尺，应擦净、涂油，以防生锈。

■ 三、测量仪器操作规程

(1)使用前开箱检查仪器装箱是否正确、配件是否齐全。

(2)仪器应经检定后方可使用。

(3)作业前要先架稳脚架，开箱后要检视固定仪器的各种部件是否打开。

(4)轻稳取出仪器，安装时连接螺栓不能过紧。

(5)操作时各制动手把应拧动轻柔，不得拧过头，到头应立即退回，再稍稍拧紧，仪器照准部转动时，应轻拨慢带，不得剧烈旋转。

(6)作业完毕，应松开各制动手把，按装箱示意图正确装箱，并关好固定仪器的各部件后方可合箱、上锁。

(7)在使用仪器施测的过程中，必须**坚守岗位**，避免仪器剧烈振动、倾斜及碰撞；在雨天及强光下测量时，应打伞遮护。

(8)使用垂球吊点时，应稳定不晃动。

(9)使用钢尺量距时，应做到“平、直、齐、准”；精密量距时，要使用标准拉力计。

■ 四、记录与计算规则

测量记录是外业观测成果的记载和内业数据处理的依据。在测量记录或计算时必须严肃认真、一丝不苟，同时必须严格遵守下列规则：

(1)在测量记录之前，准备好铅笔，同时熟悉记录表上各项的内容及填写、计算方法。实训所得各项数据的记录和计算，必须按记录格式用2H铅笔(或签字笔)认真填写。观测者读数后，记录者应随即在测量记录表上的相应栏内填写，并**复诵回报以资检核**。不得另纸记录事后转抄。

(2)记录时要求字体端正清晰，数位对齐，数字对齐。字体的大小一般占格宽的1/3～1/2，字脚靠近底线；**表示精度或占位的“0”**(例如水准尺读数1.300或0.234，度盘读数87°06′00″)均**不可省略**。

(3)记录错误时，不准用橡皮擦擦去，不准在原数字上涂改，应将错误的数字划去并把正确的数字记在原数字上方。例如，观测数据的前几位出错时，应用细横线划去错误的数字，并在原数字上方写出正确的数字。注意不得涂擦已记录的数据。记录数据修改后或观测成果废去后，都应在备注栏内注明原因(如测错、记错或超限等)。**禁止连续更改数字**，例如水准测量中的黑、红面读数，角度测量中的盘左、盘右读数，距离丈量中的往测与返测结果等，均不能同时更改，必须重测。

(4)观测数据的尾数不得更改，读错或记错后必须重测重记，例如，角度测量时，秒级数字出错，应重测该测回；水准测量时，毫米级数字出错，应重测该测站；钢尺量距时，毫米级数字出错，应重测该尺段。

(5)每站观测结束后，必须**在现场完成规定的计算和检核**，确认无误后方可迁站。

(6)数据运算应根据所取位数，按“四舍六入、五前单进、双舍”的规则进行数字凑整。例如，对 1.324 4 m、1.323 6 m、1.323 5 m、1.324 5 m 这几个数据，若取至毫米位，则均应记为 1.324 m。

(7)应该保持**测量记录的整洁**，严禁在记录表上书写无关内容，更不得丢失记录表。

2 水准测量实训

实训1 水准仪的认识与使用

一、“水准仪的认识与使用”实训任务书

指出DS3微倾式水准仪各操作部件的名称并正确操作水准仪。

工作任务：(1)测量小组拟定完整的操作练习方案；

(2)小组成员互相检验操作方法，指出错误操作并纠正。

二、“水准仪的认识与使用”实训指导书

(一)实训基本目标

能说出微倾式和自动安平水准仪各组成部分的名称、作用与用法。

1. 知识目标

认识DS3微倾式水准仪的基本构造；了解自动安平水准仪的性能及使用方法；掌握DS3微倾式水准仪各操作部件的名称和作用，并熟悉使用方法。

2. 能力目标

能识别微倾式水准仪和自动安平水准仪；会操作DS3微倾式水准仪和自动安平水准仪。

(二)实训计划与仪器、工具准备

(1)实训时数安排为2课时。

(2)每组实训准备：DS3微倾式水准仪(或自动安平水准仪)1台(图2-1、图2-2)、水准尺1对、尺垫2个等。

(三)实训任务与测量小组分工

(1)实训任务：按程序操作水准仪。

(2)测量小组分工：三人一组(扶尺两人、操作员一人)，**按测量岗位分工轮流协作训练**。

图 2-1　DS3 微倾式水准仪

图 2-2　自动安平水准仪

(四)实训参考方法与步骤

1. 水准仪的构造

(1)了解微倾式水准仪和自动安平水准仪的构造，掌握各螺旋和部件的名称、功能及操作方法。

(2)注意比较微倾式水准仪和自动安平光学水准仪构造上的区别。

2. 水准仪的安置

(1)将仪器架设在测站上，打开脚架，按观测者的身高调节脚架腿的高度，使脚架架头大致水平，如果地面比较松软，则应将脚架的三个脚尖踩实，使脚架稳定。然后将水准仪从箱中取出，平稳地安放在脚架架头上，**一手握住仪器，另一手立即用连接螺旋将仪器固连在脚架架头上**。

(2)粗略整平，通过调节三个脚螺旋使圆水准器气泡居中，从而使仪器的竖轴大致铅垂。在整平过程中，气泡移动的方向与左手大拇指转动脚螺旋时的移动方向一致。如果地面较坚实，可先练习固定脚架两条腿，移动第三条腿使圆水准器气泡大致居中，然后再调节脚螺旋，使圆水准器气泡居中。

3. 水准尺上的读数

(1)瞄准。转动目镜调焦螺旋，使十字丝成像清晰；松开制动螺旋，转动仪器，用照门和准星瞄准水准尺，旋紧制动螺旋；转动微动螺旋，使水准尺位于视场中央；转动物镜调焦螺旋，消除视差，使目标清晰(体会视差现象，练习消除视差的方法)。

(2)精平(微倾式)。转动微倾螺旋，使符合水准管气泡两端的半影像吻合(成圆弧状)，即符合气泡严格居中(自动安平水准仪无此步骤)。

(3)读数。从望远镜中观察十字丝的横丝在水准尺上的分划位置，读取四位数字，即直接读出米、分米、厘米的数值，估读毫米的数值。**读数应迅速、果断、准确，读数后应立即重新检视符合水准器气泡是否仍居中**，如仍居中，则读数有效，否则应重新使符合水准气泡居中后再读数，如图 2-3 所示。

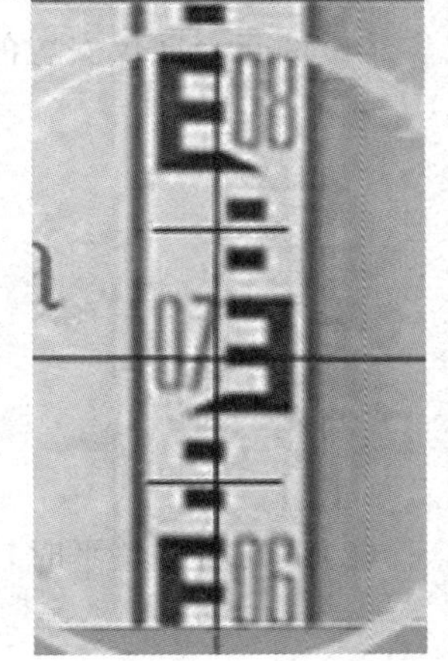

图 2-3　水准尺上的读数
(上丝：0 777；中丝：0 724；下丝：0 673)

(五)注意事项

(1)安置水准仪时应使脚架架头大致水平，**脚架跨度不能太大**，以避免摔坏仪器。

(2)水准仪安放到脚架上必须立即将中心连接螺旋旋紧，严防仪器从脚架上掉下摔坏。

(3)微倾式水准仪在读数前，必须使符合水准管气泡居中(水准管气泡两端影像符合)。

(4)在读数前应注意消除视差。

三、“水准仪的认识与使用”手簿

“水准仪的认识与使用”手簿

仪器编号：　　　　　　　　　　　　　　　　日期：

1. 完成下列DS3微倾式水准仪(图2-4)各部件名称的填写。

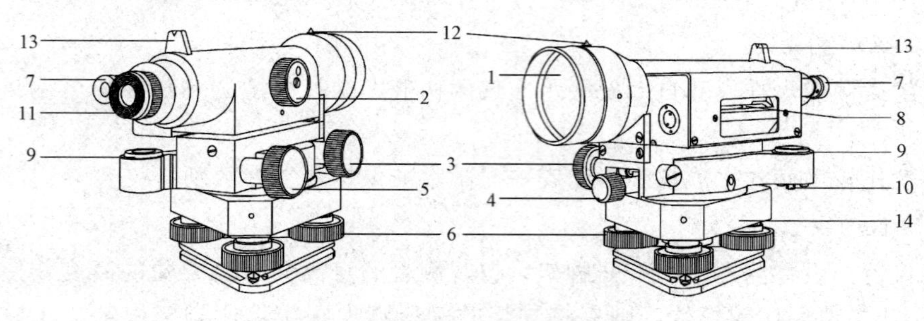

图2-4　DS3微倾式水准仪的构造

(1)________；(2)________；(3)________；(4)________；

(5)________；(6)________；(7)________；(8)________；

(9)________；(10)________；(11)________；(12)________；

(13)________；(14)________

2. 验证以下实验情况：

(1)试问水准仪安置的高度对测算地面两点间高差或各点高程有无影响？

(2)试问粗略整平时，气泡移动的方向与左手大拇指旋转脚螺旋的方向是否一致？

(3)试问精确整平时，微倾螺旋的转动方向与左侧半气泡影像的移动方向是否一致？

(4)试问在同一水平视线下，是否某点水准尺的读数越大则该点高程就越低，反之亦然？

■ 四、“水准仪的认识与使用”实训记录

相关表格见表 2-1、表 2-2。

表 2-1 “水准仪的认识与使用”实训仪器借用表

班级	×××班	借用仪器工具	名称	数量
小组	第×小组		DS3 水准仪	1 台
小组成员名单			水准尺(2 m 双面尺)	1 对
借用地点	实训专用场			
借用日期		借用人	×××(组长)	
交还日期		指导老师		

表 2-2 “水准仪的认识与使用”实训情况表

班级： 天气：

实训时间	实训名称				组长	×××
×年×月×日	**水准仪的认识与使用**				副组长	×××
仪器借用情况	仪器(工具)名	数量	完好度	数量	完好度	归还时间
	DS3 水准仪	**1 台**				
	水准尺(2 m 双面尺)	**1 对**				

实习情况	成员名单	操作情况	初评成绩	核定成绩	备注

注意事项	1. 组长负责领用、清点、归还仪器及工具。 2. 小组成员必须服从老师和组长的安排。 3. 任何人损坏仪器及工具均应按律赔偿。 4. 严禁错误操作。 5. 借还用具时请走远离教室的楼梯和楼道，不准大声喧哗。 6. 在行走途中注意保护仪器和工具。 7. 成绩按每次实训 10 分为满分评定，由组长初评成绩，由老师核定成绩。

■ 五、“水准仪的认识与使用”实训报告(参考)

相关表格见表 2-3～表 2-5。

表 2-3 “水准仪的认识与使用”实训报告(参考)

实训(验)日期：×年×月×日　　　　　　　　　　　　　　　　　　　　　　第×周×节

<table>
<tr><td>实训(验)任务：能认识 DS3 微倾式水准仪的基本构造、各操作部件的名称和作用；能较熟练地使用水准仪。</td></tr>
<tr><td>实训(验)目标：学会水准仪操作的基本程序。</td></tr>
<tr><td>实训(验)内容：
1. 完成 DS3 微倾式水准仪各部件名称的填写。
2. 完成正确操作水准仪的基本程序。

水准仪的认识与使用手簿
编号：　　　　　　　　　　　　　　　　　　日期：
1. 完成下列 DS3 水准仪各部件名称的填写。
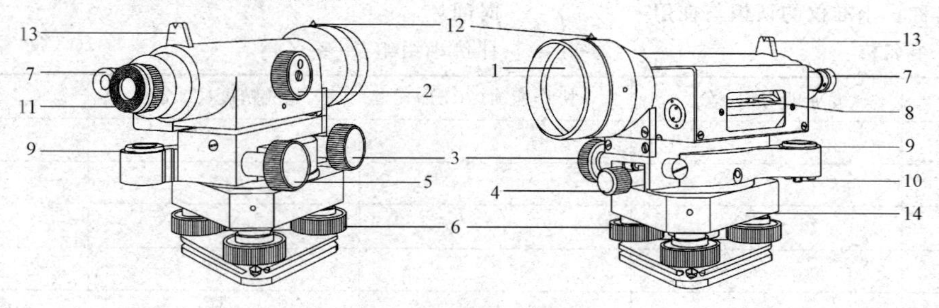

DS3 微倾式水准仪的构造
(1)<u>物镜</u>；(2)<u>物镜调焦(对光)螺旋</u>；(3)<u>水平微动螺旋</u>；
(4)<u>水平制动螺旋</u>；(5)<u>微倾螺旋</u>；(6)<u>脚螺旋</u>；(7)<u>符合气泡观察境</u>；
(8)<u>水准管</u>；(9)<u>圆水准器</u>；(10)<u>圆水准器校正螺丝</u>；(11)<u>目镜调焦螺旋</u>；
(12)<u>准星</u>；(13)<u>照门</u>；(14)<u>基座</u>

2. 验证以下实验情况：
(1)试问水准仪安置的高度对测算地面两点间高差或各点高程有无影响？
答：无
(2)试问粗略整平时，气泡移动的方向与左手大拇指旋转脚螺旋的方向是否一致？
答：一致
(3)试问精确整平时，微倾螺旋的转动方向与左侧半气泡影像的移动方向是否一致？
答：一致
(4)试问在同一水平视线下，是否某点水准尺的读数越大则该点高程就越低，反之亦然？
答：是</td></tr>
<tr><td>实训(验)分析及体会：
1. 我在操作中发现……
2. 我认为这样……更准确
3. ……
4. ……</td></tr>
</table>

表 2-4 “水准仪的认识与使用”实训个人评分表

姓名：　　　　　　　　　　　　　　同组成员：

项目	子项	分值	得分
专业能力	懂作业程序	20	
	能规范操作	20	
	数据符合精度要求	20	
个人能力	能有序收集信息	10	
	有记录和计算能力	10	
社会能力	团结协作能力	10	
	沟通能力	10	
合计		100	

表 2-5 实训小组相互评分表

实训名称：**水准仪的认识与使用**　　　　时间：

评价小组名称：　　　　　　　　　　　　评价小组组长(签名)：

组名	专业能力(40 分)	协作能力(30 分)	完成精度(30 分)	合计

本案学习测试与准备：

[复习资料]

(1)安置仪器后，转动<u>**脚螺旋**</u>使圆水准器气泡居中，转动<u>**目镜调焦螺旋**</u>看清十字丝，通过<u>**照门准星**</u>概略地瞄准水准尺，转动<u>**物镜对光螺旋**</u>消除视差，转动<u>**水平微动螺旋**</u>精确照准水准尺，转动<u>**微倾螺旋**</u>使符合水准气泡居中，最后读数。

(2)<u>**粗平仪器**</u>时，旋转脚螺旋时应该遵循<u>**左手大拇指**</u>法则，中丝读数前，一定要使气泡左、右两半的影像符合成半圆形，其目的是使<u>**视线水平**</u>。

(3)消除视差的步骤是转动<u>**目镜调焦螺旋**</u>使<u>**十字丝**</u>清晰，再转动<u>**物镜对光螺旋**</u>使尺像清晰。

实训2　高差测量

■ 一、"高差测量"实训任务书

如图 2-5 所示，测出 A、B 两点间的高差。

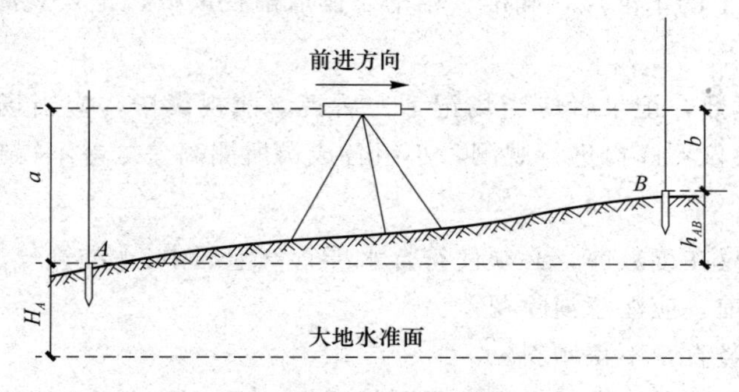

图 2-5　高差测量

工作任务：(1)测量小组拟定完整的测量方案；

(2)完成测量手簿记录。

■ 二、"高差测量"实训指导书

(一)实训基本目标

能正确选择仪器安置位置，并能准确测出两点间的高差。

1. 知识目标

理解水准测量原理，掌握高差测量的方法。

2. 能力目标

会进行水准测量一测站的测量、记录和高差计算。

(二)实训计划与仪器、工具准备

(1)实训时数安排为 2 课时。

(2)每组实训准备：DS3 微倾式水准仪(或自动安平水准仪)1 台、水准尺 1 对、尺垫 2 个、记录板 1 块。自备铅笔。

(三)实训任务与测量小组分工

(1)实训任务：测定两点间的高差。

(2)测量小组分工：四人一组(扶尺两人、记录员一人、操作员一人)，按测量岗位分工轮流协作训练。

(四)实训参考方法与步骤

1. 定点

在地面上选择 A、B 两点，A 点作为后视点，B 点作为前视点，在 A、B 两点处放上尺垫并立尺，求 A、B 两点间的高差 Δh。

2. 测量

在 A 点与 B 点的中间(前、后视的距离大致相等，用目估或者步测方法)安置水准仪，进行仪器架设、粗略整平和目镜对光，观测者按照下列顺序观测：

(1)先观测 A 点上的水准尺，瞄准、精平、读取后视读数，记入观测手簿。

(2)后观测 B 点上的水准尺，瞄准、精平、读取前视读数，记入观测手簿。

3. 记录

观测者的每次读数，记录者应当场记下。后视、前视读毕，应当场计算高差，记于相应栏内。换一人变换仪器高再进行观测，小组各成员所测高差之差不得超过±5 mm。

(五)注意事项

(1)微倾式水准仪在读数前，必须使符合水准管气泡居中(水准管气泡两端影像符合)。

(2)在每次读数前，应注意消除视差。

(3)水准尺必须竖直，不得倾斜。

(4)记录员听到观测员读数后必须向观测员回报，经观测员确认后方可记入手簿，以防听错而记错。数据记录应字迹清晰，不得涂改。

(六)上交资料

实训结束后将实训报告以小组为单位装订成册上交。

■ 三、“单面尺法水准仪测定高差”手簿

手簿见表 2-6。

表 2-6 “单面尺法水准仪测定高差”手簿

仪器编号： 日期：

测站	点号			后视读数/m	前视读数/m	高差 h/m	备注
	第 1 次	后					
		前					
	第 2 次	后					
		前					
	第 3 次	后					
		前					
	第 4 次	后					
		前					

■ 四、“高差测量”实训记录

相关表格见表 2-7、表 2-8。

表 2-7 “高差测量”实训仪器借用表

班级	×××班	借用仪器工具	名称	数量
小组	第×小组		DS3 水准仪	1 台
小组成员名单			水准尺(2 m 双面尺)	1 对
借用地点	实训专用场			
借用日期		借用人		×××(组长)
交还日期		指导老师		

表 2-8 “高差测量”实训情况表

班级：×××班　　　　　　　　　　天气：××

实训时间	实训名称				组长	×××
×年×月×日	高差测量				副组长	×××
仪器借用情况	仪器(工具)名	数量	完好度	数量	完好度	归还时间
	DS3 水准仪	**1 台**				
	水准尺(2 m 双面尺)	**1 对**				

实习情况	成员名单	操作情况	初评成绩	核定成绩	备注

注意事项	
	1. 组长负责领用、清点、归还仪器及工具。 2. 小组成员必须服从老师和组长的安排。 3. 任何人损坏仪器及工具均应按律赔偿。 4. 严禁错误操作。 5. 借还用具时请走远离教室的楼梯和楼道，不准大声喧哗。 6. 在行走途中应注意保护仪器和工具。 7. 成绩按每次实训 10 分为满分评定，由组长初评成绩，由老师核定成绩。

■ 五、“高差测量”实训报告(参考)

相关表格见表 2-9～表 2-11。

表 2-9 “高差测量”实训报告(参考)

实训(验)日期：×年×月×日　　　　　　　　　　第×周×节

实训(验)任务：**能较熟练地使用水准仪，准确测定两点间的高差。**

实训(验)目标：**学会水准仪高差测量的基本程序。**

实训(验)内容：

1. 水准仪安置调平好，读出后视 *A* 尺上的读数。

2. 转动水准仪望远镜，照准前视 *B* 点，读出前视 *B* 尺上的读数。

“单面尺法水准仪测定高差”手簿

仪器编号：　　　　　　　　日期：

测站	点号			后视读数/m	前视读数/m	高差 h/m	备注
1	第 1 次	后	*A*	**1.456**		**0.202**	
		前	*B*		**1.254**		
	第 2 次	后	*A*	**1.353**		**0.202**	
		前	*B*		**1.151**		
	第 3 次	后	*A*	**1.246**		**0.204**	
		前	*B*		**1.042**		
	第 4 次	后	*A*	**1.507**		**0.201**	
		前	*B*		**1.306**		

实训(验)分析及体会：

1. 我在操作中发现……

2. 我认为这样……更准确

3. ……

4. ……

表 2-10 “高差测量”实训个人评分表

姓名：　　　　　　　　　　　　　　同组成员：

项目	子项	分值	得分
专业能力	懂作业程序	20	
	能规范操作	20	
	数据符合精度要求	20	
个人能力	能有序收集信息	10	
	有记录和计算能力	10	
社会能力	团结协作能力	10	
	沟通能力	10	
合计		100	

表 2-11 “高差测量”实训小组相互评分表

实训名称：高差测量　　　　　　　　时间：

评价小组名称：　　　　　　　　　　评价小组组长(签名)：

组名	专业能力(40 分)	协作能力(30 分)	完成精度(30 分)	合计

本案学习测试与准备：

[复习资料]

(1)水准测量时，由于尺竖立不直，该读数值比正确读数<u>偏大</u>。

(2)水准测量的转点，若找不到坚实稳定且凸起的地方，必须用<u>尺垫</u>踩实后，立尺。

(3)为了消除角误差，每站前视、后视距离应<u>大致相等</u>，每测段水准路线的前视距离和后视距离之和应<u>大致相等</u>。

(4)水准测量中丝读数时，不论是正像或倒像，应由<u>小</u>向大读，并估读到<u>mm数</u>。

(5)测量时，记录员应将观测员读的数值<u>复诵</u>一遍，无异议时，才可记录在表中。若记录有误，不能用橡皮擦拭，应<u>划掉重记</u>。

实训3 高程测设

一、"高程测设"实训任务书

选定一已知水准点 A，假设其高程为 $H_A=81.346$ m，测设点 B_1 的设计高程 $H_{B_1}=81.600$ m，B_2 的设计高程 $H_{B_2}=81.100$ m。

工作任务：(1)测量小组拟定完整的测量方案；

(2)完成测量手簿记录及计算；

(3)确定待测高程点的位置。

二、"高程测设"实训指导书

(一)实训基本目标

掌握建筑施工中高程测设的基本方法，采用水准仪准确找到需测设高程的位置。

1. 知识目标

知道仪器使用的要求，学会观测与记录的方法。

2. 能力目标

掌握测设已知高程点的方法，要求高程测设误差≤±5 mm。

(二)实训计划与仪器、工具准备

(1)实训时数安排为4课时。

(2)每组实训准备：自动安平水准仪1台、水准尺2根、记录板。自备铅笔、计算器和记录计算表。

(三)实训任务与测量小组分工

(1)实训任务：根据指定的水准点 A 的高程值，完成已知高程点的测设工作。

(2)测量小组分工：四人一组(扶尺两人、一名记录员、一名操作员)，按测量岗位分工协作实训。

(四)实训参考方法与步骤

1. 高程测设的方法

测设前，首先应弄清测设的数据，即待测设点的设计高程值 $H_{设}$，然后弄清现场水准点的位置。如图2-6所示，设 A 为水准点，其高程为 H_A；B 为待测设已知高程点，其高程为 H_B；在与 A、B 两点大致等距离处，安置水准仪，在 A 点木桩上竖立水准尺，读得后视读数 a，根据 A 点的高程 H_A，求得水准仪的视线高程 H_i：

$$H_i = H_A + a$$

根据 A、B 点的高程，计算前视点的应有读数为

$$b = H_i - H_B$$

2. 操作步骤举例

如图 2-6 所示，具体操作步骤如下：

(1)在实训场地上由教师指定待测设高程的地物(如墙、柱、杆、桩等)，选定一已知水准点 A，假设其高程为 $H_A = 81.346$ m，需要放样点 B 的设计高程 $H_B = 81.600$ m。

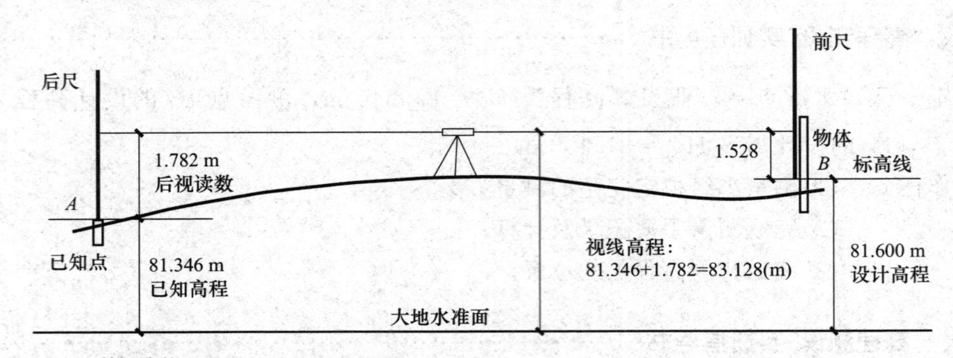

图 2-6 高程测设

(2)在与水准点 A 和待测设高程点 B 距离基本相等的地方安置水准仪，粗略调平，照准 A 点的水准尺，精平后读取水准尺的读数为 a。

(3)计算仪器视线高程 $H_i = H_A + a$。

(4)计算点 B 的放样数据 $b = H_i - H_B = 1.528$ m。

(5)将水准尺紧贴在待测设高程的地物侧面，前视该标尺，精平水准仪，上、下缓慢移动水准尺，当前视读数为 b 时，用铅笔沿水准尺底部在地物上画一条线，该线条的高程即测设高程 $H_B = 81.600$ m 标志的位置。

(五)注意事项

(1)水准测量工作要求全组人员紧密配合，互谅互让，禁止闹意见。

(2)读数一律取四位数，记录员也应记满四个数字，“0”不可省略。

(3)水准测量记录要特别细心，当记录者听到观测者所报读数后，要回报观测者，经默许后方可将读数记入记录表中。观测者应注意复核记录者的复诵数字。

(4)扶尺者要将尺扶直，与观测人员配合好，选择好立尺点。

(5)水准测量记录中严禁涂改、转抄，不准用钢笔、圆珠笔记录，字迹要工整、整齐、清洁。

(6)水准仪应置于前、后尺距离基本相等处，以消除或减少视准轴不平行于水准管轴的误差及其他误差的影响。

(7)本次实训的难点是精度的控制，测量误差≤±5 mm 即合格。

■ 三、“高程测设”手簿

1. 测设记录

相关表格见表 2-12。

表 2-12　高程测设手簿

已知水准点高程 H_A：　　　　　　　　　　　后视读数 a：　　　　　　仪器视线高程 H_A+a：

待测高程点名	设计高程 H_i/m	前视读数 $(H_A+a)-H_i$/m	备注
B_1			测量误差应≤±5 mm
B_2			
注意：表格中字符可以根据实际情况更改。			

2. 测设后检查

用钢尺量得的点 B_1 与点 B_2 的实际高差为：________________。

根据设计高程算得点 B_1 与点 B_2 的高差为：________________。

两者相差为：________________。

相关表格见表 2-13。

表 2-13　“高程测设”实训仪器借用表

班级	×××班	借用仪器工具	名称	数量
小组	**第×小组**		**自动安平水准仪**	**1 台**
小组成员名单			**水准尺**	**2 根**
借用地点	**实训专用场**			
借用日期		借用人		**×××(组长)**
交还日期		指导老师		

■ 四、“高程测设”实训记录

相关表格见表 2-14。

表 2-14 “高程测设”实训情况表

班级：　　　　　　　　　　　　　　　天气：

实训时间	实习名称				组长	×××
×年×月×日	**高程引测**				副组长	×××
仪器借用情况	仪器(工具)名	数量	完好度	数量	完好度	归还时间
	自动安平水准仪	**1 台**				
	水准尺	**2 根**				
实习情况	成员名单	操作情况		初评成绩	核定成绩	备注
注意事项	1. 组长负责领用、清点、归还仪器及工具。 2. 小组成员必须服从老师和组长的安排。 3. 任何人损坏仪器及工具均应按律赔偿。 4. 严禁错误操作。 5. 借还用具时请走远离教室的楼梯和楼道，不准大声喧哗。 6. 在行走途中应注意保护仪器和工具。 7. 成绩按每次实训 10 分为满分评定，由组长初评成绩，由老师核定成绩。					

■ 五、“高程测设”实训报告(参考)

相关表格见表2-15～表2-17。

表2-15 “高程测设”实训报告(参考)

实训(验)日期：×年×月×日　　　　　　　　　　　　　　　　　　第×周×节

实训(验)任务：**能独立使用水准仪进行测量，完成已知高程点的测设。**
实训(验)目标：**知道仪器的使用要求，学会观测与记录的方法。**
实训(验)内容： **1. 按地形条件确定测量方案，进行小组成员分工协作程序。** **2. 按施测方案绘出施测路线草图。** **3. 按分工要求进行测站施测，记录相应数据。计算仪器视线高程。** **4. 计算待测点放样数据。** **5. 确定待测高程点标志的位置。**
实训(验)分析及体会： 1. 我在操作中发现…… 2. 我认为这样……更准确。 3. …… 4. ……

表 2-16 “高程测设”实训个人评分表

姓名： 同组成员：

项目	子项	分值	得分
专业能力	懂作业程序	20	
	能规范操作	20	
	数据符合精度要求	20	
个人能力	能有序收集信息	10	
	有记录和计算能力	10	
社会能力	团结协作能力	10	
	沟通能力	10	
合计		100	

表 2-17 “高程测设”实训小组相互评分表

实训名称：**高程测设** 时间：

评价小组名称： 评价小组组长(签名)：

组名	专业能力(40 分)	协作能力(30 分)	完成精度(30 分)	合计

本案学习与准备：

［复习资料］

一、水准测量的原理

水准测量是利用水准仪提供的水平视线，借助带有分划的水准尺，直接测定地面上两点间的高差，然后根据已知点高程和测得的高差，推算出未知点高程，如图 2-7 所示。

$$a+H_A=b+H_B$$

$$h_{AB}=H_B-H_A=a-b$$

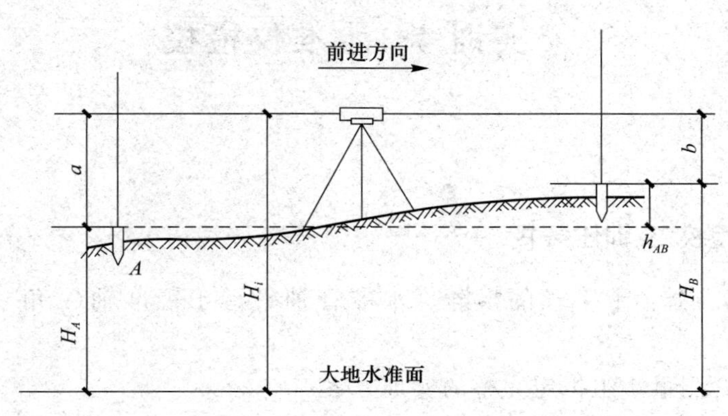

图 2-7　水准测量原理

对于水准测量原理需特别强调以下几点：

(1)后视点与前视点的判别。

设水准测量是由 A 向 B 进行的，则 A 点为后视点，A 点尺上的读数 a 称为后视读数；B 点为前视点，B 点尺上的读数 b 称为前视读数。后视点的高程一般为已知。

(2)由高差的计算结果判别两点的高低。

如果 $a=b$，则高差 h_{AB} 为零，表示 B 点和 A 点一样高；如果 $a>b$，则高差 h_{AB} 为正，表示 B 点比 A 点高；如果 $a<b$，则高差 h_{AB} 为负，表示 B 点比 A 点低，即在同一水平视线下，某点的读数越大则该点就越低。反之亦然。

(3)水准测量(原理)的注意事项。

1)高差法与视线高法都是利用水准仪提供的水平视线测定地面点高程，主要区别在于计算方法不同。

2)只有望远镜视线水平时才能在标尺上读数，这是水准测量过程中要时刻牢记的关键操作。

3)施测过程中，水准仪安置的高度对测算地面点高程或高差并无影响。

二、水准测量的方法

(1)高差法：

$$H_B=H_A+h_{AB}$$

其中，$h_{AB}=a-b$。

这种直接利用高差计算未知点 B 的高程的方法，称为高差法。

(2)视线高法(也称为仪高法)：

$$\left.\begin{aligned}H_1&=H_A+a\\H_B&=H_1-b\end{aligned}\right\}$$

这种利用仪器视线高程 H_i 计算未知点 B 的高程的方法，称为视线高法。

实训 4　水准仪检校

一、“水准仪检校”实训任务书

每组完成圆水准器、十字丝的横丝、水准管轴平行于视准轴(i 角)三项基本检验与校正。

工作任务：(1)测量小组拟定完整的实训方案；

(2)完成测量手簿记录及计算

二、“水准仪检校”实训指导书

(一)实训基本目标

知道水准仪检校程序，掌握用双仪高法测量两点高差的方法，完成 DS3 水准仪的检验和校正。

1. 知识目标

(1)了解微倾式水准仪各轴线应满足的条件。

(2)掌握水准仪检验和校正的方法。

(3)要求校正后，i 角值不超过 20″，其他条件校正到无明显偏差为止。

2. 能力目标

要求各小组成员熟悉水准仪自身的使用条件，能够利用所学知识和方法正确地判断仪器所处的状态。

(二)实训计划与仪器、工具准备

(1)实训时数安排为 2 课时。

(2)DS3 水准仪 1 台、水准尺 2 把、尺垫 2 个、钢尺 1 把、校正针 1 根、小螺丝旋具 1 个、记录板 1 块。

(三)实训任务与测量小组分工

(1)实训任务：完成圆水准器、十字丝的横丝、水准管轴平行于视准轴(i 角)三项基本检验和校正。

(2)测量小组分工：四人一组(扶尺两人、一名记录员、一名操作员)，按测量岗位分工协作实训。

(四)实训参考方法与步骤

1. 圆水准器轴平行于仪器竖轴的检验与校正

(1)检验方法：转动脚螺旋，使圆水准器气泡居中，将仪器绕竖轴旋转 180°。如果气泡仍居中，则条件满足；如果气泡偏出分划圈外，则需校正，如图 2-8 所示。

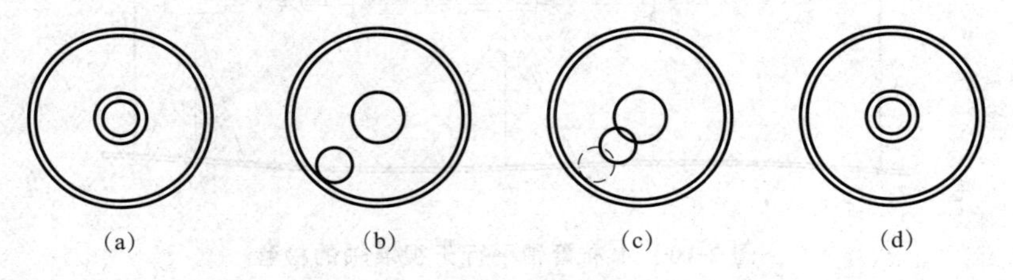

图 2-8　圆水准器的检验与校正

(2)校正方法：先转动脚螺旋，使气泡移动偏歪值的一半，然后稍旋松圆水准器底部中央固定螺丝，用校正针拨动圆水准器校正螺丝，使气泡居中。如此反复检校，直到圆水准器转到任何位置时，气泡都在分划圈内为止。最后旋紧固定螺丝。

2. 十字丝的横丝垂直于仪器竖轴的检验与校正

(1)检验方法：在墙上找一点，使其恰好位于水准仪望远镜十字丝左端的横丝上，旋转水平微动螺旋，用望远镜右端对准该点，观察该点是否仍位于十字丝右端的横丝上。如该点仍位于十字丝右端的横丝上，说明十字丝的横丝垂直于仪器竖轴。否则十字丝的横丝不垂直于仪器竖轴，如图 2-9 所示。

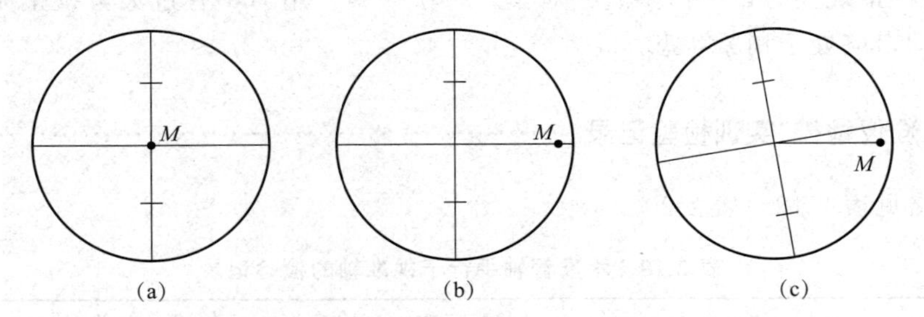

图 2-9　十字丝的横丝垂直于仪器竖轴的检验

(2)校正方法：卸下目镜处外罩，松开四个固定螺丝，稍微转动十字丝环，使目标点 A 与横丝重合。反复检验与校正，直到满足条件为止。再旋紧四个固定螺丝。

3. 水准管轴平行于视准轴(i 角)的检验

(1)检验方法：

1)仪器架在 A、B 中点 C，测高差 $h_1=a_1-b_1$，改变仪器高度，又读得 a_1' 和 b_1'，计算得高差 $h_1'=a_1'-b_1'$。若 $h_1-h_1'\leqslant\pm3$ mm，则取两次高差的平均值，作为正确高差 h_{AB}。

2)将仪器搬至 B 点附近(距 B 点 2～3 m)，瞄准 B 点水准尺，精平后读取 B 点水准尺的读数 b_2'，再根据 A、B 两点间的高差 h_{AB}，可计算出 A 点水准尺的视线水平时的读数 $a_2'=b_2'+h_{AB}$，瞄准 A 点上的水准尺，精平后读取 A 点上水准尺的读数 a_2，根据 a_2' 与 a_2 的差值计算 i 角值，如图 2-10 所示。

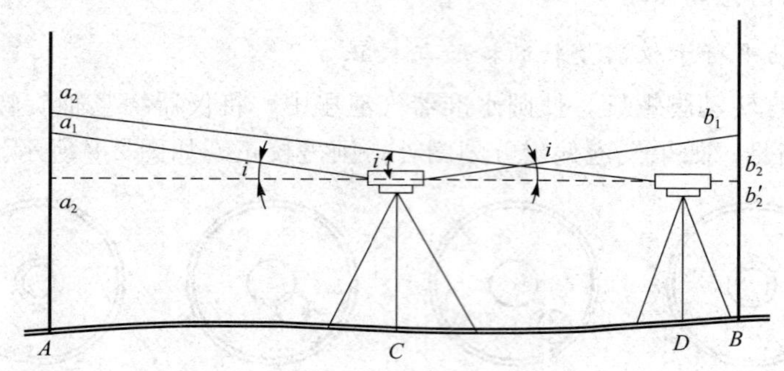

图 2-10　水准管轴平行于视准轴的检验

(2)校正方法：转动微倾螺旋，使横丝对准 a_2'，此时水准管气泡必然不居中，用校正针先稍微松左、右校正螺丝，再拨动上、下校正螺丝，使水准管气泡居中。重复检查，直至 i 角值＜±20″为止。最后拨紧左、右校正螺丝。

(五)注意事项

(1)进行 i 角检验时，要仔细测量，保证精度，才能区分仪器误差与观测误差。

(2)检校的流程为：圆水准器检校—十字丝的横丝检校—水准管轴平行于视准轴(i 角)检校。

(3)检校水准仪时，必须按上述规定的顺序进行，不能颠倒。

(4)拨动校正螺丝时，一律要先松后紧，一松一紧，用力不宜过大，校正完毕时，校正螺丝不能松动，应处于稍紧状态。

■ 三、“水准仪检校”实训检验记录

相关表格见表 2-18～表 2-20。

表 2-18　水准管轴平行于视准轴的检验记录

<table>
<tr><th></th><th colspan="2">立尺点</th><th>水准尺读数</th><th>高差</th><th>平均高差</th><th>是否要校正</th></tr>
<tr><td rowspan="5">仪器架在 A、B 点中间位置 C</td><td colspan="2">A</td><td>$a_1=$</td><td rowspan="2">$h_1=$</td><td rowspan="4">$h_{AB}=$</td><td rowspan="7">i 角值≥±20″，需校正</td></tr>
<tr><td colspan="2">B</td><td>$b_1=$</td></tr>
<tr><td rowspan="2">变更仪器高后</td><td>A</td><td>$a_1'=$</td><td rowspan="2">$h_1'=$</td></tr>
<tr><td>B</td><td>$b_1'=$</td></tr>
<tr><td colspan="2">A 实际读数 a_2</td><td></td><td colspan="2" rowspan="3"></td></tr>
<tr><td rowspan="3">仪器架在离 B 点较近的位置</td><td colspan="2">B 实际读数 b_2'</td><td></td></tr>
<tr><td colspan="2">A 点理论值 $a_2'=b_2'+h_{AB}$</td><td></td></tr>
<tr><td colspan="2">$i=(a_2-a_2')\rho/D_{AB}$</td><td></td><td colspan="3"></td></tr>
</table>

表 2-19 水准仪的检验与校正

组别： 仪器号码： 年 月 日

<table>
<tr><td rowspan="2">检验项目</td><td colspan="2">检验与校正经过</td></tr>
<tr><td>略图</td><td>观测数据及说明</td></tr>
<tr><td>圆水准器轴平行于竖轴</td><td></td><td></td></tr>
<tr><td>横丝垂直于竖轴</td><td></td><td></td></tr>
<tr><td rowspan="4">水准管轴平行于视准轴</td><td rowspan="4"></td><td>$a_1=$ $a_1'=$
$b_1=$ $b_1'=$</td></tr>
<tr><td>$h_1=$ $h_1'=$
$h_1-h_1'=$ $h_{AB}=$</td></tr>
<tr><td>$b_2'=$
$a_2'=$
$b_2'+h_{AB}=$
$a_2=$
$i=\frac{a_2-a_2'}{D_{AB}}\rho=$</td></tr>
<tr><td></td></tr>
<tr><td colspan="3">注意：表格中字符可以根据实际情况更改。</td></tr>
</table>

表 2-20 “水准仪检校”实训仪器借用表

<table>
<tr><td>班级</td><td>×××班</td><td rowspan="11">借用仪器工具</td><td>名称</td><td>数量</td></tr>
<tr><td>小组</td><td>第×小组</td><td>DS3 水准仪</td><td>1 台</td></tr>
<tr><td colspan="2">小组成员名单</td><td>水准尺</td><td>2 把</td></tr>
<tr><td></td><td></td><td></td><td></td></tr>
<tr><td></td><td></td><td></td><td></td></tr>
<tr><td></td><td></td><td></td><td></td></tr>
<tr><td></td><td></td><td></td><td></td></tr>
<tr><td></td><td></td><td></td><td></td></tr>
<tr><td></td><td></td><td></td><td></td></tr>
<tr><td></td><td></td><td></td><td></td></tr>
<tr><td>借用地点</td><td>实训专用场</td><td></td><td></td></tr>
<tr><td>借用日期</td><td></td><td colspan="2">借用人</td><td>×××(组长)</td></tr>
<tr><td>交还日期</td><td></td><td colspan="2">指导老师</td><td></td></tr>
</table>

■ 四、“水准仪检校”实训记录

相关表格见表 2-21。

表 2-21 “水准仪检校”实训情况表

班级：×××班　　　　　　　　　　　　天气：××

<table>
<tr><td colspan="2">实训时间</td><td colspan="4">实训名称</td><td>组长</td><td>×××</td></tr>
<tr><td colspan="2">×年×月×日</td><td colspan="4">水准仪检校</td><td>副组长</td><td>×××</td></tr>
<tr><td colspan="2" rowspan="4">仪器借用
情况</td><td colspan="2">仪器(工具)名</td><td>数量</td><td>完好度</td><td>数量</td><td>完好度</td><td>归还时间</td></tr>
<tr><td colspan="2">DS3 水准仪</td><td>1 台</td><td></td><td></td><td></td><td></td></tr>
<tr><td colspan="2">水准尺</td><td>2 把</td><td></td><td></td><td></td><td></td></tr>
<tr><td colspan="2"></td><td></td><td></td><td></td><td></td><td></td></tr>
<tr><td rowspan="5">实习情况</td><td>成员名单</td><td>操作情况</td><td>初评成绩</td><td>核定成绩</td><td colspan="3">备注</td></tr>
<tr><td></td><td></td><td></td><td></td><td colspan="3"></td></tr>
<tr><td></td><td></td><td></td><td></td><td colspan="3"></td></tr>
<tr><td></td><td></td><td></td><td></td><td colspan="3"></td></tr>
<tr><td></td><td></td><td></td><td></td><td colspan="3"></td></tr>
<tr><td>注意事项</td><td colspan="7">1. 组长负责领用、清点、归还仪器及工具。
2. 小组成员必须服从老师和组长的安排。
3. 任何人损坏仪器及工具均应按律赔偿。
4. 严禁错误操作。
5. 借还用具时请走远离教室的楼梯和楼道，不准大声喧哗。
6. 在行走途中应注意保护仪器和工具。
7. 成绩按每次实训 10 分为满分评定，由组长初评成绩，由老师核定成绩。</td></tr>
</table>

■ 五、“水准仪检校”实训报告(参考)

相关表格见表 2-22～表 2-24。

表 2-22 “水准仪检校”实训报告(参考)

实训(验)日期：×年×月×日　　　　第×周×节

实训(验)任务：掌握用双仪高法测量两点高差的方法，完成 DS3 水准仪的检验和校正。
实训(验)目标：掌握微倾式水准仪各轴线应满足的条件及其检验和校正的方法。
实训(验)内容： 1. 按实训任务确定测量方案，进行小组成员分工协作程序。 2. 按施测方案绘出草图。 3. 按分工要求进行水准仪各项检验和校正，记录相应数据。 4. 计算 i 角值。 5. 完善实训资料，完成实训报告。
实训(验)分析及体会： 1. 我在操作中发现…… 2. 我认为……更准确 3. …… 4. ……

表 2-23 “水准仪检校”个人评分表

姓名：　　　　　　　　　　　　　　同组成员：

项目	子项	分值	得分
专业能力	懂作业程序	20	
	能规范操作	20	
	数据符合精度要求	20	
个人能力	能有序收集信息	10	
	有记录和计算能力	10	
社会能力	团结协作能力	10	
	沟通能力	10	
合计		100	

表 2-24 “水准仪检校”实训小组相互评分表

实训名称：　　　　　　　　　　　　　　时间：

评价小组名称：　　　　　　　　　　　　评价小组组长(签名)：

组名	专业能力(40 分)	协作能力(30 分)	完成精度(30 分)	合计

本案学习与准备：

[复习资料]

一、用双仪高法进行水准测量的观测步骤

(1)在距两立尺点等距处安置水准仪后视水准尺，读数为 a'。

(2)前视水准尺，读数为 b'。

(3)改变仪器高度约±10 cm，重新安置仪器．前视水准尺，读数为 b''。

(4)后视水准尺，读数为 a''。检核：$h'=a'-b'$，$h''=a''-b''$。

如果 $h'-h''=\Delta h\leqslant\pm6$ mm(等外水准容许值，本实训 i 角检验中，其容许值≤±3 mm)，可取平均值作为测站高差，即 $h=(h'+h'')/2$，h 值取至毫米。

二、i 角的概念

(1)在测量学中，当水准仪的水准管轴在空间平行于望远镜的视准轴时，它们在竖直面上的投影是平行的。若两轴不平行，则在竖直面上的投影也不平行，其交角 i 称为 i 角误差。

(2)对于 DS3 水准仪，当 i 角$>20''$时，需要进行水准管轴平行于视准轴的校正。圆心角的弧度为该角所对弧长与半径之比。把弧长 b 等于半径 R 的圆弧所对圆心角称为弧度，以 ρ 表示，因此，整个圆周为 2π 弧度。弧度与角度的关系为 $2\pi=360°$。

$$\rho''=3\ 600\times180°/\pi=206\ 264.806''\approx206\ 265''$$

3 角度测量实训

实训 1 经纬仪的认识与使用(对中、整平)

一、"经纬仪的认识与使用(对中、整平)"实训任务书

指出 DJ6 光学经纬仪各操作部件的名称，能用 DJ6 光学经纬仪正确地进行对中、整平操作。

工作任务：(1)测量小组拟定完整的操作练习方案；

(2)小组成员互相检验操作方法，指出错误操作并纠正。

二、"经纬仪的认识与使用(对中、整平)"实训指导书

(一)实训基本目标

认识光学经纬仪的基本结构及主要部件的名称与作用。初步学会经纬仪的对中、整平。

1. 知识目标

认识 DJ6 光学经纬仪的构造，知道主要部件的名称及作用，知道经纬仪的对中、整平步骤。

2. 能力目标

能进行经纬仪的对中、整平，使对中误差小于 3 mm，整平误差小于 1 格。

(二)实训计划与仪器、工具准备

(1)实训任务：实训时数安排为 2 课时。

(2)每组实训准备：DJ6 光学经纬仪 1 台。

(三)实训任务与测量小组分工

(1)实训任务：用 DJ6 光学经纬仪正确完成对中、整平操作。

(2)测量小组分工：一人观测，其余成员观察学习，按测量岗位分工轮流协作训练。

(四)实训参考方法与步骤

(1)粗对中：观测者根据自己的身高，调节脚架高度并张开三脚架，使架头大致对中和

水平，从仪器箱中取出仪器并连接到架头上。调节光学对中器的目镜和物镜对光螺旋，使光学对中器的分化板小圆圈和测站点标志的影像清晰。固定三脚架的一只腿，目视对中器目镜并移动其他两只架腿，使镜中小圆圈对准测站点，踩紧脚架。

(2)精对中：粗对中后，**若光学对中器的中心与地面点略有偏离，可转动脚螺旋**，使光学对中器精确对准测站标志中心。

(3)粗平：伸缩三脚架腿，使圆水准器气泡居中(注意脚架尖位置不能动)。

(4)精平：松开照准部制动螺旋，转动照准部，旋转脚螺旋，使管水准器气泡在相互垂直的两个方向上居中。重复以上步骤1～2次，直至照准部转到任何位置时管水准器气泡的偏离不超过1格为止。

(5)再次精对中：精平操作会略微破坏此前完成的对中关系。此时，光学对中器的中心与地面点又有偏离，稍松连接螺旋，在架头上平移仪器，使光学对中器的中心准确地对准测站点，最后旋紧连接螺旋。转动照准部，检查管水准器气泡的居中情况。若管水准器气泡在相互垂直的两个方向上仍然居中，则仪器安置完成，否则应从上述精平开始重新操作。

光学对中器对中误差应在1 mm以内。对中和整平一般需要几次循环过程，直至对中和整平均满足要求为止。

(五)注意事项

(1)仪器出箱、装箱操作要正确。

(2)必须严格遵守仪器使用的操作规程。

(3)仪器安置在三脚架上时，要注意连接螺旋的可靠性。

■ 三、“经纬仪的认识与使用(对中、整平)”实训记录

相关表格见表3-1、表3-2。

表3-1 “经纬仪的认识与使用(对中、整平)”实训仪器借用表

班级	×××班	借用仪器工具	名称	数量
小组	**第×小组**		**DJ6经纬仪**	**1套**
小组成员名单				
借用地点	**实训专用场**			
借用日期		借用人		**×××(组长)**
交还日期		指导老师		

表 3-2 “经纬仪的认识与使用(对中、整平)”实训情况表

班级：　　　　　　　　　　　　天气：

<table>
<tr><td colspan="2">实训时间</td><td colspan="4">实训名称</td><td>组长</td><td>×××</td></tr>
<tr><td colspan="2">年　月　日</td><td colspan="4">经纬仪的认识与使用(对中、整平)</td><td>副组长</td><td>×××</td></tr>
<tr><td colspan="2" rowspan="15">仪器借用情况</td><td>仪器(工具)名</td><td>数量</td><td>完好度</td><td>数量</td><td>完好度</td><td>归还时间</td></tr>
<tr><td>DJ6 经纬仪</td><td>1套</td><td></td><td></td><td></td><td></td></tr>
<tr><td></td><td></td><td></td><td></td><td></td><td></td></tr>
<tr><td></td><td></td><td></td><td></td><td></td><td></td></tr>
<tr><td></td><td></td><td></td><td></td><td></td><td></td></tr>
<tr><td></td><td></td><td></td><td></td><td></td><td></td></tr>
<tr><td></td><td></td><td></td><td></td><td></td><td></td></tr>
<tr><td></td><td></td><td></td><td></td><td></td><td></td></tr>
<tr><td></td><td></td><td></td><td></td><td></td><td></td></tr>
<tr><td></td><td></td><td></td><td></td><td></td><td></td></tr>
<tr><td></td><td></td><td></td><td></td><td></td><td></td></tr>
<tr><td></td><td></td><td></td><td></td><td></td><td></td></tr>
<tr><td></td><td></td><td></td><td></td><td></td><td></td></tr>
<tr><td></td><td></td><td></td><td></td><td></td><td></td></tr>
<tr><td></td><td></td><td></td><td></td><td></td><td></td></tr>
<tr><td rowspan="12">实习情况</td><td>成员名单</td><td colspan="2">操作情况</td><td>初评成绩</td><td>核定成绩</td><td colspan="2">备注</td></tr>
<tr><td></td><td colspan="2"></td><td></td><td></td><td colspan="2"></td></tr>
<tr><td></td><td colspan="2"></td><td></td><td></td><td colspan="2"></td></tr>
<tr><td></td><td colspan="2"></td><td></td><td></td><td colspan="2"></td></tr>
<tr><td></td><td colspan="2"></td><td></td><td></td><td colspan="2"></td></tr>
<tr><td></td><td colspan="2"></td><td></td><td></td><td colspan="2"></td></tr>
<tr><td></td><td colspan="2"></td><td></td><td></td><td colspan="2"></td></tr>
<tr><td></td><td colspan="2"></td><td></td><td></td><td colspan="2"></td></tr>
<tr><td></td><td colspan="2"></td><td></td><td></td><td colspan="2"></td></tr>
<tr><td></td><td colspan="2"></td><td></td><td></td><td colspan="2"></td></tr>
<tr><td></td><td colspan="2"></td><td></td><td></td><td colspan="2"></td></tr>
<tr><td></td><td colspan="2"></td><td></td><td></td><td colspan="2"></td></tr>
<tr><td>注意事项</td><td colspan="7">1. 组长负责领用、清点、归还仪器及工具。
2. 小组成员必须服从老师和组长的安排。
3. 任何人损坏仪器及工具均应按律赔偿。
4. 严禁错误操作。
5. 借还用具时请走远离教室的楼梯和楼道，不准大声喧哗。
6. 在行走途中应注意保护仪器和工具。
7. 成绩按每次实训 10 分为满分评定，由组长初评成绩，由老师核定成绩。</td></tr>
</table>

■ 四、“经纬仪的认识与使用(对中、整平)”实训报告(参考)

相关表格见表 3-3～表 3-5。

表 3-3 “经纬仪的认识与使用(对中、整平)”实训报告(参考)

实训(验)日期：×年×月×日　　　　第×周×节

实训(验)任务：**初步学会经纬仪的安置。**
实训(验)目标：**知道经纬仪的构造，学会经纬仪对中、整平的程序。**
实训(验)内容： **1. 会将仪器正确取箱。安置经纬仪三脚架(与本人身高相宜)时大致使架头粗平，转过身，俯身正确取箱。注意随手关箱。** **2. 会经纬仪对中。用光学对中器对中。固定三脚架的一只腿，旋转另外两条腿，让测站点落在光学对中器中间的黑圈里，并尽可能居中。** **3. 先根据固定在基座上的圆水准器气泡位置，调整两条三脚架腿的长短，让圆水准器气泡居中。** **4. 让管水准器平行于两脚螺旋，转动该两脚螺旋，使管水准器气泡居中。再让仪器转过 90°，用第三个脚螺旋让管水准器气泡居中。** **5. 观察光学对中器中的测站点是否还居中，否则重复 3、4 步骤。直到对中和整平都满足即可(对中误差小于 3 mm，管水准器气泡中心偏离水准管零点不超过 1 格)。**
实训(验)分析及体会： 1. 我在操作中发现…… 2. 我认为……更准确 3. …… 4. ……

表 3-4 “经纬仪的认识与使用(对中、整平)”实训个人评分表

姓名：　　　　　　　　　　同组成员：

项目	子项	分值	得分
专业能力	懂作业程序	20	
	能规范操作	20	
	数据符合精度要求	20	
个人能力	能有序收集信息	10	
	有记录和计算能力	10	
社会能力	团结协作能力	10	
	沟通能力	10	
合计		100	

表 3-5 “经纬仪的认识与使用(对中、整平)”实训小组相互评分表

实训名称：经纬仪的认识与使用(对中、整平)　时间：

评价小组名称：　　　　　　　　　　评价小组组长(签名)：

组名	专业能力(40分)	协作能力(30分)	完成精度(30分)	合计

本案学习与准备：

[复习资料]

(1)经纬仪由<u>照准部</u>、<u>水平度盘</u>、<u>基座</u>三部分组成。

(2)经纬仪是测定角度的仪器，它既能观测<u>水平角</u>，又可以观测竖直角。

(3)水平角是经纬仪安置测站点后，所照准两目标的视线<u>在水平投影面上</u>的夹角。

[知识摘记]

(1)经纬仪安置过程中，整平的目的**是使水平度盘水平**，对中的目的是**使仪器中心与测站点位于同一铅垂线上**。

(2)整平经纬仪时，先将水准管与一对脚螺旋连线平行，转动两脚螺旋使气泡居中，再转动照准部90°，调节另一脚螺旋，使气泡居中。

实训2 目标方向值观测

一、"目标方向值观测"实训任务书

在较熟练使用DJ6光学经纬仪完成对中、整平的基础上，能正确进行指定目标方向值观测。

工作任务：(1)测量小组拟定完整的操作练习方案；

(2)小组成员互相检验操作与记录数据，指出错误操作并纠正。

二、"目标方向值观测"实训指导书

(一)实训基本目标

了解DJ6光学经纬仪的构造、主要部件的名称和作用。学会经纬仪的对中、整平、瞄准和读数的方法。

1. 知识目标

知道DJ6光学经纬仪的构造，掌握操作的要点。

2. 能力目标

能用经纬仪进行目标观测。精度达到对中误差小于3 mm，整平误差小于1格。

(二)实训计划与仪器、工具准备

(1)实训时数安排为2课时。

(2)每组实训准备：DJ6光学经纬仪1台、测杆2只、记录板1块、伞1把。

(三)实训任务与测量小组分工

(1)实训任务：学会经纬仪的观测全程操作，完成方向目标读数。

(2)测量小组分工：按测量岗位分工轮流协作训练。

(四)实训参考方法与步骤

(1)练习仪器的取箱和收箱、熟悉仪器的构造及各螺旋的作用。

(2)经纬仪的安置。

1)粗对中：观测者根据自己的身高，调节脚架的高度并张开三脚架，使架头大致对中和水平，从仪器箱中取出仪器并连接到架头上。调节光学对中器的目镜和物镜对光螺旋，使光学对中器的分化板小圆圈和测站点标志的影像清晰。固定一只三脚架腿，目视对中器目镜并移动其他两只架腿，使镜中小圆圈对准测站点，踩紧脚架。

2)精对中：粗对中后，若光学对中器的中心与地面点略有偏离，可转动脚螺旋，使光学对中器精确对准测站标志中心。

3)粗平：伸缩三脚架腿，使圆水准器气泡居中(注意脚架尖位置不能动)。

4)精平：松开照准部制动螺旋，转动照准部，旋转脚螺旋，使管水准器气泡在相互垂直的两个方向上居中。重复以上步骤1～2次，直至照准部转到任何位置时水准管气泡的偏离不超过1格为止。

5)再次精对中：精平操作会略微破坏此前完成的对中关系。此时，光学对中器的中心与地面点又有偏离，稍松连接螺旋，在架头上平移仪器，使光学对中器的中心准确对准测站点，最后旋紧连接螺旋。转动照准部，检查管水准器气泡的居中情况。若管水准器气泡在相互垂直的两个方向上仍然居中，则仪器安置完成，否则应从上述精平开始重新操作。

光学对中器对中误差应在1 mm以内。对中和整平一般需要几次循环过程，直至对中和整平均满足要求为止。

(3)瞄准目标。

1)转动照准部，使望远镜对向明亮处，转动目镜对光螺旋，使十字丝清晰。

2)转动照准部，用望远镜上的粗瞄准器瞄准目标，使其位于视场内，固定望远镜制动螺旋和照准部制动螺旋。

3)转动物镜对光螺旋，使目标清晰；旋转望远镜微动螺旋，使目标像的高低适中；旋转照准部微动螺旋，使目标像被十字丝的单根竖丝平分(目标较粗时)，或被双根竖丝夹在中间(目标较细时)，做到精确瞄准。

4)眼睛在目镜前微微移动，看目标有无移动。如果有，转动物镜对光螺旋予以消除。

(4)读数。

1)调节反光镜的位置，使读数窗亮度适当。

2)调节读数显微镜目镜对光螺旋，使度盘分画清晰。注意区别水平度盘(H)和竖直度盘(V)两个读数窗。

3)读取位于分微尺中间的度盘刻画线所注记度数，从分微尺上读取该刻画线所在位置的分数，估读至$0.1'$(即$6''$的整倍数)。

(五)注意事项

(1)盘左、盘右观测练习。首先，在盘左位置瞄准目标，读出水平度盘的读数；然后，松开水平度盘制动螺旋，纵转望远镜，在盘右位置再瞄准目标，读取读数。两次读数之差约为 180°，以此检核瞄准和读数是否正确。

(2)改变水平度盘位置的练习。转动照准部瞄准某一目标，读取读数，然后再推压并转动水平度盘变换螺旋，即可带动水平度盘旋转，将水平度盘转到 0°0′0″ 读数位置上时，将手松开，螺旋自动弹出。

■ 三、“目标方向值观测”手簿

相关表格见表 3-6。

表 3-6 “目标方向值观测”手簿

班级：　　　　组别：　　　　仪器号码：　　　　时间：

测站	盘位	目标	水平度盘读数/(° ′ ″)	水平角			备注
				半测回角/(° ′ ″)	一测回角/(° ′ ″)		

■ 四、“目标方向值观测”实训记录

相关表格见表 3-7、表 3-8。

表 3-7 “目标方向值观测”实训仪器借用表

班级	×××班	借用仪器工具	名称	数量
小组	第×小组		DJ6 经纬仪	1 台
小组成员名单			测杆	2 只
借用地点	实训专用场			
借用日期		借用人	×××(组长)	
交还日期		指导老师		

表 3-8 “目标方向值观测”实训情况表

班级：×××班　　　　　　　　　　天气：××

实训时间	实训名称				组长	×××
×年×月×日	**目标方向值观测**				副组长	×××
仪器借用情况	仪器(工具)名	数量	完好度	数量	完好度	归还时间
	DJ6 经纬仪	**1 台**				
	测杆	**2 只**				
实习情况	成员名单	操作情况	初评成绩	核定成绩	备注	
注意事项	1. 组长负责领用、清点、归还仪器及工具。 2. 小组成员必须服从老师和组长的安排。 3. 任何人损坏仪器及工具均应按律赔偿。 4. 严禁错误操作。 5. 借还用具时请走远离教室的楼梯和楼道，不准大声喧哗。 6. 在行走途中应注意保护仪器和工具。 7. 成绩按每次实训 10 分为满分评定，由组长初评成绩，由老师核定成绩。					

■ 五、“目标方向值观测”实训报告(参考)

相关表格见表 3-9～表 3-11。

表 3-9 “目标方向值观测”实训报告(参考)

实训(验)日期：×年×月×日　　　　第×周×节

实训(验)任务：学会目标方向值观测。

实训(验)目标：知道经纬仪的构造，掌握经纬仪目标方向值观测的程序。

实训(验)内容：

1. 安置经纬仪于测站点上进行对中(垂球对中误差小于 3 mm)和整平(水准管气泡偏离中心小于 1 格)。

2. 盘左：瞄准左方目标点 A，读取水平度盘的读数 a_1 并记入手簿；松开水平制动螺旋，顺时针旋转照准部，瞄准右方目标点 B，读取水平度盘的读数 b_1 并记入手簿。将盘左半测回(上半测回)水平角 $\beta_{左}=b_1-a_1$ 记入手簿。

3. 盘右：瞄准 B 点，读取水平度盘的读数 b_1' 并记入手簿；逆时针旋转照准部瞄准 A 点，读取水平度盘的读数 a_1' 并记入手簿。将盘右半测回(下半测回)水平角 $\beta_{右}=b_1'-a_1'$ 记入手簿。

4. 若 $|\beta_{左}-\beta_{右}|\leqslant 40''$，取 $\beta=1/2(\beta_{左}+\beta_{右})$ 作为一测回的水平角，并记入手簿。

“目标方向值观测”手簿

测站	盘位	目标	水平度盘读数/(° ′ ″)	水平角			备注
				半测回角/(° ′ ″)	一测回角/(° ′ ″)	各测回平均值/(° ′ ″)	
O	左	A	a_1	b_1-a_1	$\beta=1/2(\beta_{左}+\beta_{右})$		
		B	b_1				
	右	A	a'	$b'-a'$			
		B	b'				

实训(验)分析及体会：

1. 我在操作中发现……

2. 我认为……更准确

3. ……

4. ……

表 3-10 “目标方向值观测”实训个人评分表

姓名：　　　　　　　　　　　　　同组成员：

项目	子项	分值	得分
专业能力	懂作业程序	20	
	能规范操作	20	
	数据符合精度要求	20	
个人能力	能有序收集信息	10	
	有记录和计算能力	10	
社会能力	团结协作能力	10	
	沟通能力	10	
合计		100	

表 3-11 “目标方向值观测”实训小组相互评分表

实训名称：目标方向值观测　　　　　时间：

评价小组名称：　　　　　　　　　　评价小组组长(签名)：

组名	专业能力(40 分)	协作能力(30 分)	完成精度(30 分)	合计

本案学习与准备：

[复习资料]

测回法定义：测回法适用于观测两个方向之间的单角，是水平角观测的基本方法。

[知识摘记]

(1)角度测量仪器：经纬仪、标杆。

(2)安置起始方向水平度盘读数的办法：根据测回数 n，以 $180°/n$ 的差值，进行水平度盘读数的安置。

实训3　用测回法观测水平角

一、“用测回法观测水平角”实训任务书

在掌握目标方向值观测的基础上，能运用测回法完成指定目标单角观测。

工作任务：(1)测量小组拟定完整的操作练习方案；

(2)小组成员均能独立完成测量手簿记录。

二、“用测回法观测水平角”实训指导书

(一)实训基本目标

学会用测回法观测水平角的操作、记录和计算方法。每位同学对同一角度观测一测回，上、下半测回角值之差不超过±40″。

1. 知识目标

知道测水平角的方法，能用DJ6光学经纬仪进行水平角观测。

2. 能力目标

会两个方向的单角观测。

(二)实训计划与仪器、工具准备

(1)实训时数安排为4课时。

(2)每组实训准备：DJ6光学经纬仪1台、测杆2只、记录板1块、伞1把。

(三)实训任务与测量小组分工

(1)实训任务：使用DJ6光学经纬仪用两个测回完成两个方向的单角观测。

(2)测量小组分工：两人一组(一名记录员、一名操作员)，按测量岗位分工轮流协作训练。

(四)实训参考方法与步骤

1. 一测回观测

(1)安置经纬仪于测站点上进行对中(**垂球对中误差小于3 mm**)和整平(**水准管气泡偏离中心小于1格**)。

(2)盘左：瞄准左方目标点A，置盘在0°附近，再瞄准左方目标点A，读取水平度盘的读数a_1并记入手簿；松开水平制动螺旋，顺时针旋转照准部，瞄准右方目标点B，读取水平度盘的读数b_1并记入手簿。盘左半测回(上半测回)水平角$\beta_{左}=b_1-a_1$，将其记入手簿。

(3)盘右：瞄准B点，读取水平度盘的读数b_1'并记入手簿；逆时针旋转照准部瞄准A

点，读取水平度盘的读数 a_1' 并记入手簿。盘右半测回(下半测回)水平角 $\beta_{右}=b_1'-a_1'$，将其记入手簿。

(4)若 $|\beta_{左}-\beta_{右}|\leqslant 40''$，取 $\beta=1/2(\beta_{左}+\beta_{右})$ 作为一测回的水平角，并记入手簿。

2. 二测回观测

(1)盘左：瞄准左方目标点 A，置盘 90°附近读取水平度盘的读数 a_2 并记入手簿；松开水平制动螺旋，顺时针旋转照准部，瞄准右方目标点 B，读取水平度盘的读数 b_2 并记入手簿。盘左半测回(上半测回)水平角 $\beta_{左}=b_2-a_2$，将其记入手簿。

(2)盘右：瞄准 B 点，读取水平度盘的读数 b_2'，并记入手簿；逆时针旋转照准部瞄准 A 点，读取水平度盘的读数 a_2' 并记入手簿。盘右半测回(下半测回)水平角 $\beta_{右}=b_2'-a_2'$，将其记入手簿。

(3)若 $|\beta_{左}-\beta_{右}|\leqslant 40''$，取 $\beta=1/2(\beta_{左}+\beta_{右})$ 作为一测回的水平角，并记入手簿。

(五)注意事项

(1)边观测、边记录、边计算，发现错误立即查找原因，及时纠正。

(2)同一水平角各测回角度互差应小于±24″。

(3)水平角计算应以右方向读数 b 减左方向读数 a。如不够减，**读数 b 应加 360°之后再减读数 a。**

(4)时刻牢记并遵守仪器使用的操作规程。

■ 三、“用测回法观测水平角”手簿

相关表格见表 3-12。

表 3-12 “用测回法观测水平角”手簿

班级：　　　　组别：　　　　仪器号码：　　　　时间：

测站	盘位	目标	水平度盘读数/(° ′ ″)	水平角			备注
				半测回角/(° ′ ″)	一测回角/(° ′ ″)	各测回平均值/(° ′ ″)	

■ 四、“用测回法观测水平角”实训记录

相关表格见表 3-13、表 3-14。

表 3-13 “用测回法观测水平角”实训仪器借用表

班级	×××班	借用仪器工具	名称	数量
小组	第×小组		DJ6 经纬仪	1 台
小组成员名单			测杆	2 只
借用地点	实训专用场			
借用日期		借用人		×××(组长)
交还日期		指导老师		

表 3-14 “用测回法观测水平角”实训情况表

班级：×××班　　　　　　　天 气：××

实训时间	实训名称				组长	×××
年　月　日	用测回法观测水平角				副组长	×××
仪器借用情况	仪器(工具)名	数量	完好度	数量	完好度	归还时间
	DJ6 经纬仪	1 台				
	测杆	2 只				

实习情况	成员名单	操作情况	初评成绩	核定成绩	备注

注意事项	
	1. 组长负责领用、清点、归还仪器及工具。 2. 小组成员必须服从老师和组长的安排。 3. 任何人损坏仪器及工具均应按律赔偿。 4. 严禁错误操作。 5. 借还用具时请走远离教室的楼梯和楼道，不准大声喧哗。 6. 在行走途中应注意保护仪器和工具。 7. 成绩按每次实训 10 分为满分评定，由组长初评成绩，由老师核定成绩。

■ 五、“用测回法观测水平角”实训报告(参考)

根据表格见表 3-15～表 3-17。

表 3-15 “用测回法观测水平角”实训报告(参考)

实训(验)日期：××年×月×日　　　　第×周×节

实训(验)任务：学会用经纬仪以测回法观测水平角的方法。

实训(验)目标：知道经纬仪的构造，学会经纬仪测角的程序。

实训(验)内容：

1. 安置经纬仪于测站点上，进行对中(垂球对中误差小于 3 mm)和整平(水准管气泡偏离中心小于 1 格)。

2. 盘左：瞄准左方目标点 A，读取水平度盘的读数 a_1 并记入手簿；松开水平制动螺旋，顺时针旋转照准部，瞄准右方目标点 B，读取水平度盘的读数 b_1 并记入手簿。盘左半测回(上半测回)水平角 $\beta_{左}=b_1-a_1$，将其记入手簿。

3. 盘右：瞄准 B 点，读取水平度盘的读数 b_1' 并记入手簿；逆时针旋转照准部瞄准 A 点，读取水平度盘的读数 a_1' 并记入手簿。盘右半测回(下半测回)水平角 $\beta_{右}=b_1'-a_1'$，将其记入手簿。

4. 若 $|\beta_{左}-\beta_{右}|\leqslant 40''$，取 $\beta=1/2(\beta_{左}+\beta_{右})$ 作为一测回的水平角，并记入手簿。

“用测回法观测水平角”手簿

测站	盘位	目标	水平度盘读数/(° ′ ″)	水平角			备注
				半测回角/(° ′ ″)	一测回角/(° ′ ″)	各测回平均值/(° ′ ″)	
O	左	A	a_1	b_1-a_1	$\beta=1/2(\beta_{左}+\beta_{右})$		
		B	b_1				
	右	A	a'	$b'-a'$			
		B	b'				

实训(验)分析及体会：

1. 我在操作中发现……

2. 我认为……更准确

3. ……

4. ……

表 3-16 “用测回法观测水平角”实训个人评分表

姓名：　　　　　　　　　　　　　　　同组成员：

项目	子项	分值	得分
专业能力	懂作业程序	20	
	能规范操作	20	
	数据符合精度要求	20	
个人能力	能有序收集信息	10	
	有记录和计算能力	10	
社会能力	团结协作能力	10	
	沟通能力	10	
合计		100	

表 3-17 “用测回法观测水平角”实训小组相互评分表

实训名称：**用测回法观测水平角**　　　　　　时间：

评价小组名称：　　　　　　　　　　　　　评价小组组长(签名)：

组名	专业能力(40 分)	协作能力(30 分)	完成精度(30 分)	合计

本案学习与准备：

[复习资料]

测回法定义：**测回法适用于观测两个方向之间的单角，是水平角观测的基本方法。**

[知识摘记]

(1)角度测量仪器：经纬仪、测杆。

(2)安置起始方向水平度盘读数的办法：根据测回数 n，以 $180°/n$ 的差值，进行水平度盘读数的安置。

实训4　用全圆方向法观测水平角

一、"用全圆方向法观测水平角"实训任务书

根据现场给定的 A、B、C、D 四个目标，用 DJ2 经纬仪运用全圆方向法进行观测，精度要求达到归零差不超过±18″、各测回方向值互差不超过±24″。

工作任务：(1)测量小组拟定完整的操作练习方案；

(2)小组成员均能独立完成测量手簿记录。

二、"用全圆方向法观测水平角"实训指导书

(一)实训基本目标

1. 知识目标

知道水平角观测方法与选择方法的条件，掌握全圆方向法的观测程序，能正确读取方向值并填写手簿记录表和计算。

2. 能力目标

会用全圆方向法观测水平角，精度达到半测回归零差不超过±18″，各测回方向值互差不超过±24″。

(二)实训计划与仪器、工具准备

(1)实训时数安排为 4 课时。

(2)每组实训准备：DJ2 经纬仪 1 台、记录板 1 块、伞 1 把。

(三)实训任务与测量小组分工

(1)实训任务：用经纬仪以全圆方向法观测水平角，精度达到归零差不超过±18″，各测回方向值互差不超过±24″。

(2)测量小组分工：两人一组(一名记录员、一名操作员)，按测量岗位分工轮流协作训练。

(四)实训参考方法与步骤

(1)在测站 O 安置经纬仪，对中、整平后，选定 A、B、C、D 四个目标。

(2)在盘左位置，安置水平度盘读数略大于 0°，瞄准起始目标 A，读取水平度盘的读数并记入观测手簿；顺时针方向转动照准部，依次瞄准 B、C、D、A 各目标，分别读取水平度盘的读数并记入观测手簿，检查半测回归零差是否超限。

(3)在盘右位置，逆时针方向依次瞄准 A、D、C、B、A 各目标，分别读取水平度盘的

读数并记入观测手簿，检查半测回归零差是否超限。

(4)计算。

同一方向两倍视准轴误差 $2c$＝盘左读数－(盘右读数±180°)

各方向的平均读数＝$\frac{1}{2}$[盘左读数＋(盘右计数±180°)]

各方向的归零方向值＝各方向的平均读数－起始方向的平均读数

(5)第二人观测时，起始方向的水平度盘读数安置在90°附近，用同样的方法观测第二测回。各测回同一方向归零方向值的互差不超过±24″。

(五)注意事项

(1)仪器高度与观测者身高相适应，三脚架要踩实，仪器与脚架连接牢固，操作时不要用手扶脚架。

(2)仪器安置要严格对中、整平，观测过程中不得再调整管水准器气泡。若气泡偏离中央2格，应重新对中、整平仪器，重新观测。

(3)目标瞄准要准确，尽量用十字丝的交点瞄准目标下端。

(4)记录要清楚，应当场计算。如果错误或超限，应重测。

(5)应选择远近适中、易于瞄准的清晰目标作为起始方向。

(6)如果方向数只有3个，可以不归零。

三、“用全圆方向法观测水平角”手簿

相关表格见表3-18。

表3-18 “用全圆方向法观测水平角”手簿

观测者：　　天　气：　　成　像：　　日　期：　　年　月　日

记录者：　　观测开始：　　时　分　　记录结束：　　时　分

仪　器：　　观测结束：　　时　分

方向名称 照准目标	水平度盘读数						左－右 (2c) /(″)	$\frac{左+右}{2}$ /(″)	方向值 /(° ′ ″)	各测回 平均值 /(° ′ ″)
	盘左/(° ′ ″)			盘右/(° ′ ″)						
第Ⅰ测回										

归零差：　$\Delta_{左}$＝　　　$\Delta_{右}$＝

■ 四、“用全圆方向法观测水平角”实训记录

相关表格见表 3-19、表 3-20。

表 3-19 “全圆方向法观测水平角”实训仪器借用表

<table>
<tr><td>班级</td><td>×××班</td><td rowspan="7">借用仪器工具</td><td>名称</td><td>数量</td></tr>
<tr><td>小组</td><td>第×小组</td><td>DJ2 经纬仪</td><td>1 台</td></tr>
<tr><td colspan="2">小组成员名单</td><td>标杆</td><td>2 根</td></tr>
<tr><td></td><td></td><td></td><td></td></tr>
<tr><td></td><td></td><td></td><td></td></tr>
<tr><td></td><td></td><td></td><td></td></tr>
<tr><td>借用地点</td><td>实训专用场</td><td></td><td></td></tr>
<tr><td>借用日期</td><td></td><td colspan="2">借用人</td><td>×××(组长)</td></tr>
<tr><td>交还日期</td><td></td><td colspan="2">指导老师</td><td></td></tr>
</table>

表 3-20 “用全圆方向法观测水平角”实训情况表

班级：×××班　　　　天 气：××

<table>
<tr><td colspan="2">实训时间</td><td colspan="4">实训名称</td><td>组长</td><td>×××</td></tr>
<tr><td colspan="2">×年×月×日</td><td colspan="4">用全圆方向法观测水平角</td><td>副组长</td><td>×××</td></tr>
<tr><td colspan="2" rowspan="7">仪器借用情况</td><td>仪器(工具)名</td><td>数量</td><td>完好度</td><td>数量</td><td>完好度</td><td>归还时间</td></tr>
<tr><td>DJ2 经纬仪</td><td>1 台</td><td></td><td></td><td></td><td></td></tr>
<tr><td>标杆</td><td>2 根</td><td></td><td></td><td></td><td></td></tr>
<tr><td></td><td></td><td></td><td></td><td></td><td></td></tr>
<tr><td></td><td></td><td></td><td></td><td></td><td></td></tr>
<tr><td></td><td></td><td></td><td></td><td></td><td></td></tr>
<tr><td></td><td></td><td></td><td></td><td></td><td></td></tr>
<tr><td rowspan="6">实习情况</td><td>成员名单</td><td colspan="2">操作情况</td><td>初评成绩</td><td>核定成绩</td><td colspan="2">备注</td></tr>
<tr><td></td><td colspan="2"></td><td></td><td></td><td colspan="2"></td></tr>
<tr><td></td><td colspan="2"></td><td></td><td></td><td colspan="2"></td></tr>
<tr><td></td><td colspan="2"></td><td></td><td></td><td colspan="2"></td></tr>
<tr><td></td><td colspan="2"></td><td></td><td></td><td colspan="2"></td></tr>
<tr><td></td><td colspan="2"></td><td></td><td></td><td colspan="2"></td></tr>
<tr><td>注意事项</td><td colspan="7">1. 组长负责领用、清点、归还仪器及工具。
2. 小组成员必须服从老师和组长的安排。
3. 任何人损坏仪器及工具均应按律赔偿。
4. 严禁错误操作。
5. 借还用具时请走远离教室的楼梯和楼道，不准大声喧哗。
6. 在行走途中应注意保护仪器和工具。
7. 成绩按每次实训 10 分为满分评定，由组长初评成绩，由老师核定成绩。</td></tr>
</table>

■ 五、“用全圆方向法观测水平角”实训报告(参考)

相关表格见表 3-21～表 3-23。

表 3-21 “用全圆方向法观测水平角”实训报告(参考)

实训(验)日期：×年×月×日　　　　第×周第×节

实训(验)任务：**用全圆方向法完成 A、B、C、D 四个目标的观测。**

实训(验)目标：**学会用全圆方向法观测水平角。**

实训(验)内容：

用全圆方向法测角的操作步骤：将经纬仪安置在测站 O，对中、整平。在目标 A、B、C、D 上插测钎。

1. 以盘左照准目标 A，读取后视读数；顺时针转动望远镜照准目标 B、C、D，再回到目标 A，分别读取各方向值。

2. 对 A 方向归零差符合要求，填写手簿，完成上(或前)半测回值。

3. 以盘右照准目标 A，读取后视读数，逆时针依次读取 D、C、B、A 的读数。

4. 对 A 方向归零差符合要求，填写手簿，完成下(或后)半测回值。

“用全圆方向法观测水平角”手簿

测站	目标	水平度盘读数		2c /(″)	平均读数 /(° ′ ″)	归零后方向值 /(° ′ ″)
		盘左/(° ′ ″)	盘右/(° ′ ″)			
O	A					
	B					
	C					
	D					
	A					

实训(验)分析及体会：

1. 我在操作中发现……

2. 我认为……更准确

3. ……

4. ……

表 3-22 “用全圆方向法观测水平角”实训个人评分表

姓名： 同组成员：

项目	子项	分值	得分
专业能力	懂作业程序	20	
	能规范操作	20	
	数据符合精度要求	20	
个人能力	能有序收集信息	10	
	有记录和计算能力	10	
社会能力	团结协作能力	10	
	沟通能力	10	
合计		100	

表 3-23 “用全圆方向法观测水平角”实训小组相互评分表

实训名称：用全圆方向法观测水平角 时间：

评价小组名称： 评价小组组长(签名)：

组名	专业能力(40 分)	协作能力(30 分)	完成精度(30 分)	合计

本案学习与准备：

［复习资料］

测回法定义：测回法适用于观测两个方向之间的单角，是水平角观测的基本方法。

［知识摘记］

(1)角度测量仪器：经纬仪、测杆。

(2)安置起始方向水平度盘读数的办法：根据测回数 n，以 $180°/n$ 的差值，进行水平度盘读数的安置。

实训 5　竖直角观测和竖盘指标差检验

■ 一、“竖直角观测和竖盘指标差检验”实训任务书

根据现场给定的 A、B 两个目标，用 DJ6 经纬仪进行竖直角观测，精度要求达到竖盘指标差的互差不超过 $\pm 25''$。

工作任务：(1)测量小组拟定完整的操作练习方案；

(2)小组成员均能独立完成测量手簿记录。

■ 二、“竖直角观测和竖盘指标差检验”实训指导书

(一)实训基本目标

1. 知识目标

知道竖盘的构造、竖直角观测的条件和要求。

2. 能力目标

学会竖直角观测和竖盘指标差的计算方法。

(二)实训计划与仪器、工具准备

(1)实训时数安排为 4 课时。

(2)每组实训准备：DJ6 经纬仪 1 台、记录板 1 块、伞 1 把。

(三)实训任务与测量小组分工

(1)实训任务：完成 A、B 两个目标的竖直角观测。

(2)测量小组分工：两人一组(一名记录员、一名操作员)，按测量岗位分工轮流协作训练。

(四)实训参考方法与步骤

(1)在测站点 O 上安置经纬仪，对中、整平后，选定 A、B 两个目标。

(2)先观察竖盘的注记形式并写出垂直角的计算公式：在盘左位置将望远镜大致放平，观察竖盘读数，然后将望远镜慢慢上仰，观察竖盘读数变化情况，观测竖盘读数是增大还是减小。

1)若读数减小，则 α＝视线水平时的竖盘读数－瞄准目标时的竖盘读数。

2)若读数增大，则 α＝瞄准目标时的竖盘读数－视线水平时的竖盘读数。

3)在盘左位置，用十字丝的中丝切于 A 目标顶端，转动竖盘指标水准管微动螺旋，使竖盘指标水准管气泡居中。对于具有竖盘指标自动零装置的经纬仪，打开自动补偿器，使

竖盘指标居于正确位置。读取竖盘读数 L，记入观测手簿并计算出 α_L。

$$\alpha_L = 90° - \alpha_L$$

4)在盘右位置，用同样的方法观测 A 目标，读取盘右读数 R，记入观测手簿并计算出 α_R。

$$\alpha_R = \alpha_R - 270°$$

5)计算竖盘指标差：$x = \frac{1}{2}(\alpha_R - \alpha_L)$。

6)计算一测回竖直角：$\alpha = \frac{1}{2}(\alpha_L + \alpha_R)$。

7)用同样的方法测定 B 目标的垂直角并计算出竖盘指标差。检查指标差的互差是否超限。

(五)注意事项

(1)对于具有竖盘指标水准管的经纬仪，每次竖盘读数前，必须使竖盘指标水准管气泡居中。具有竖盘指标自动零装置的经纬仪，每次竖盘读数前，必须打开自动补偿器，使竖盘指标居于正确位置。

(2)观测竖直角时，对同一目标应以中丝切准目标顶端(或同一部位)。

(3)计算竖直角和指标差时，应注意正、负号。

■ 三、“竖直角观测和竖盘指标差检验”手簿

相关表格见表 3-24。

表 3-24 “竖直角观测和竖盘指标差检验”手簿

班级：　　　　　　　　组别：　　　　　　　　仪器号码：　　　　　　　　时间：

测站	目标	竖盘位置	竖盘读数	半测回竖直角	指标差	一测回竖直角	各测回平均竖直角

■ 四、“竖直角观测和竖盘指标差检验”实训记录

相关表格见表 3-25、表 3-26。

表 3-25 “竖直角观测和竖盘指标差检验”实训仪器借用表

<table>
<tr><td>班级</td><td>×××班</td><td rowspan="9">借用仪器工具</td><td colspan="2">名称</td><td colspan="2">数量</td></tr>
<tr><td>小组</td><td>第×小组</td><td colspan="2">DJ6 经纬仪</td><td colspan="2">1 台</td></tr>
<tr><td colspan="2">小组成员名单</td><td colspan="2"></td><td colspan="2"></td></tr>
<tr><td></td><td></td><td colspan="2"></td><td colspan="2"></td></tr>
<tr><td></td><td></td><td colspan="2"></td><td colspan="2"></td></tr>
<tr><td></td><td></td><td colspan="2"></td><td colspan="2"></td></tr>
<tr><td></td><td></td><td colspan="2"></td><td colspan="2"></td></tr>
<tr><td></td><td></td><td colspan="2"></td><td colspan="2"></td></tr>
<tr><td>借用地点</td><td>实训专用场</td><td colspan="2"></td><td colspan="2"></td></tr>
<tr><td>借用日期</td><td></td><td colspan="2">借用人</td><td colspan="3">×××(组长)</td></tr>
<tr><td>交还日期</td><td></td><td colspan="2">指导老师</td><td colspan="3"></td></tr>
</table>

表 3-26 “竖直角观测和竖盘指标差检验”实训情况表

班级：×××班　　　　　　　　　　天气：××

<table>
<tr><td colspan="2">实训时间</td><td colspan="4">实训名称</td><td>组长</td><td>×××</td></tr>
<tr><td colspan="2">×年×月×日</td><td colspan="4">竖直角观测</td><td>副组长</td><td>×××</td></tr>
<tr><td colspan="2" rowspan="6">仪器借用情况</td><td>仪器(工具)名</td><td>数量</td><td>完好度</td><td>数量</td><td>完好度</td><td>归还时间</td></tr>
<tr><td>DJ6 经纬仪</td><td>1 台</td><td></td><td></td><td></td><td></td></tr>
<tr><td></td><td></td><td></td><td></td><td></td><td></td></tr>
<tr><td></td><td></td><td></td><td></td><td></td><td></td></tr>
<tr><td></td><td></td><td></td><td></td><td></td><td></td></tr>
<tr><td></td><td></td><td></td><td></td><td></td><td></td></tr>
<tr><td rowspan="5">实习情况</td><td>成员名单</td><td colspan="2">操作情况</td><td>初评成绩</td><td>核定成绩</td><td colspan="2">备注</td></tr>
<tr><td></td><td colspan="2"></td><td></td><td></td><td colspan="2"></td></tr>
<tr><td></td><td colspan="2"></td><td></td><td></td><td colspan="2"></td></tr>
<tr><td></td><td colspan="2"></td><td></td><td></td><td colspan="2"></td></tr>
<tr><td></td><td colspan="2"></td><td></td><td></td><td colspan="2"></td></tr>
<tr><td>注意事项</td><td colspan="7">1. 组长负责领用、清点、归还仪器及工具。
2. 小组成员必须服从老师和组长的安排。
3. 任何人损坏仪器及工具均应按律赔偿。
4. 严禁错误操作。
5. 借还用具时请走远离教室的楼梯和楼道，不准大声喧哗。
6. 在行走途中应注意保护仪器和工具。
7. 成绩按每次实训 10 分为满分评定，由组长初评成绩，由老师核定成绩。</td></tr>
</table>

■ 五、"竖直角观测和竖盘指标差检验"实训报告(参考)

相关表格见表 3-27～表 3-29。

表 3-27　竖直角观测实训报告(参考)

实训(验)日期：×年×月×日　　　　第×周×节

实训(验)任务：完成 A、B 两个目标的竖直角观测。

实训(验)目标：知道竖盘的构造和注记方式。知道竖直角观测的步骤。

实训(验)内容：

1. 竖直角观测的操作步骤。

2. 观测 *OA*、*OB* 的竖直角的操作步骤如下：

将经纬仪安置于测站 *O*，对中、整平后，量出仪器高 h_I(测站点至经纬仪横轴中心的高度，也称为镜高)。

在 *A* 点立水准尺，用望远镜十字丝的横丝切准尺上 h_I 读数处(此时视线与 *OA* 平行)，转动指标水准管微动螺旋，使指标水准管气泡居中，读取点的盘左竖盘读数为 $L_A=76°18'24''$，纵转望远镜再次照准尺上 h_I 读数后，整平指标水准管，读取盘右竖盘读数为 $R_A=283°41'54''$。

仿照步骤 1，可测得 *B* 点的两次竖盘读数为：$L_B=94°22'48''$，$R_B=265°37'24''$。

竖直角观测记录格式见下表。

竖直角观测记录

测站	目标	竖盘位置	竖盘读数/(° ′ ″)	竖直角		备注
				半测回角/(° ′ ″)	测回值/(° ′ ″)	
O	*A*	左	76　18　24	13　41　36	13　41　45	
		右	283　41　54	13　41　54		
O	*B*	左	94　22　48	−4　22　48	−4　22　42	
		右	265　37　24	−4　22　36		

计算：盘左半测回值 $\theta_{A左}=90°-L_A=90°-76°18'24''=13°41'36''$

盘右半测回值 $\theta_{A右}=R_A-270°=283°41'54''-270°=13°41'54''$

竖直角测回值 $\theta_A=1/2\,(\theta_{A左}+\theta_{A右})=1/2(13°41'36''+13°41'54'')=13°41'45''$

实训(验)分析及体会：

1. 我在操作中发现……

2. 我认为……更准备

3. ……

4. ……

表 3-28 “竖直角观测和竖盘指标差检验”实训个人评分表

姓名：　　　　　　　　　　　　　　　　　　同组成员：

项目	子项	分值	得分
专业能力	懂作业程序	20	
	能规范操作	20	
	数据符合精度要求	20	
个人能力	能有序收集信息	10	
	有记录和计算能力	10	
社会能力	团结协作能力	10	
	沟通能力	10	
合计		100	

表 3-29 “竖直角观测和竖盘指标差检验”实训小组相互评分表

实训名称：竖直角观测和竖盘指标差检验　　时间：

评价小组名称：　　　　　　　　　　　　　评价小组组长(签名)：

组名	专业能力(40分)	协作能力(30分)	完成精度(30分)	合计

本案学习与准备：

[复习资料]

1. 竖直角是**指某一方向与其在同一铅垂面内的水平线所夹的角度。**

(2)竖盘的构造：竖直度盘(简称竖盘)安装在望远镜的一侧横轴上，随望远镜的俯仰而纵转。竖直度盘配有**读数指标装置**，读数指标与水准管右自动补偿机构相连接，且不随望远镜纵转。当转动读数指标水准管微动螺旋使指标**水准管气泡居中**(或自动补偿机构处于工作状态)时，读数指标处于正确位置。此时，纵转望远镜使竖直度盘**读数正对准 90°(盘左)或 270°(盘右)**，则望远镜视准轴正好处于水平状态。

(3)指标差：若指标**水准管气泡居中**，望远镜视准轴处于**水平状态**，而竖直度盘读数**不是 90°(盘左)或 270°(盘右)**，其差值称为竖盘指标差。

实训6　经纬仪和检验与校正

一、“经纬仪的检验与校正”实训任务书

测量小组已经接受相应的测量任务，根据测量工作程序必须对自己的DJ6经纬仪进行检校。

工作任务：(1)测量小组拟定完整的检校方案；

(2)测量小组各成员要相互检查操作步骤，并及时评价。

二、“经纬仪检验与校正”实训指导书

(一)实训基本目标

1. 知识目标

掌握经纬仪轴线的几何关系，掌握经纬仪检验与校正的方法。

2. 能力目标

学会经纬仪的检验与校正方法。

(二)实训计划与仪器、工具准备

(1)实训时数安排为4课时。

(2)每组实训准备：DJ6经纬仪1台、记录板1块。

(三)实训任务与测量小组分工

(1)实训任务：学会经纬仪的检验与校正方法。

(2)测量小组分工：四人一组(扶尺两人、一名记录员、一名操作员)，按测量岗位分工协作实训。

(四)实训参考方法与步骤

1. 照准部水准管轴的检验和校正

目的：满足条件$LL_1 \perp VV_1$，使水准管气泡居中时，竖轴垂直，则水平度盘保持水平状态，即仪器被整平。

检验：首先，架设仪器并使之粗略整平；然后，转动照准部，使水准管平行于任意两个脚螺旋的连线，调节这两个脚螺旋，使水准管气泡居中。此时，水准管轴LL_1应是水平的。再将照准部旋转180°，如水准管气泡仍居中，说明水准管轴与竖轴垂直，条件满足，不用校正；若气泡发生偏离，不再居中，则说明水准管轴与竖轴不垂直，需要校正。

校正：现通过图例来说明。如图3-1(a)所示，若照准部水准管轴与竖轴不垂直，设倾

斜角度为 α，则当照准部水准管气泡居中时，竖轴与铅垂线的夹角为 α。将仪器绕竖轴旋转180°后，竖轴位置保持不变，而水准管轴与水平线的夹角为 2α，如图 3-1(b)所示。

校正时，首先旋转上述两个脚螺旋，使气泡向中心移动偏离值的一半，如图 3-1(c)所示。此时，竖轴处于铅垂位置，但是水准管轴是倾斜的。然后，用校正拨针拨动水准管一端的校正螺丝，使气泡居中(注意校正螺丝应先放松一个，再旋紧另一个)。此时，水准管轴处于水平位置且竖轴铅垂，条件满足，如图 3-1(d)所示。

校正后应再次旋转照准部 180°以检验是否合格。若不合格就再次校正，即此项检校要反复进行，直至照准部旋转到任何位置气泡均居中为止。

2. 十字丝的竖丝垂直于横轴的检验和校正

目的：使十字丝的竖丝垂直于水平的横轴。这样，在观测时会更加方便和精确。

检验：如图 3-2 所示，将十字丝的交点对准任一固定目标点，转动望远镜微动螺旋，使望远镜作上、下微动，边微动边观察。如果目标点始终在十字丝的竖丝上运动而没有偏移，则条件满足，不用校正；若目标点在望远镜微动的过程中偏离了十字丝的竖丝，则十字丝的竖丝与横轴不垂直，需要校正。

图 3-2 中，图(a)和图(b)满足要求，不需校正，而图(c)和图(d)需要校正。

校正：如图 3-2(e)、(f)所示，卸下望远镜目镜处的十字丝护盖，再松开固定螺丝，微微转动十字丝环，直到目标点位于竖丝上且望远镜作上、下微动时不再发生偏移为止。然后，旋紧固定螺丝，盖上护盖即可。

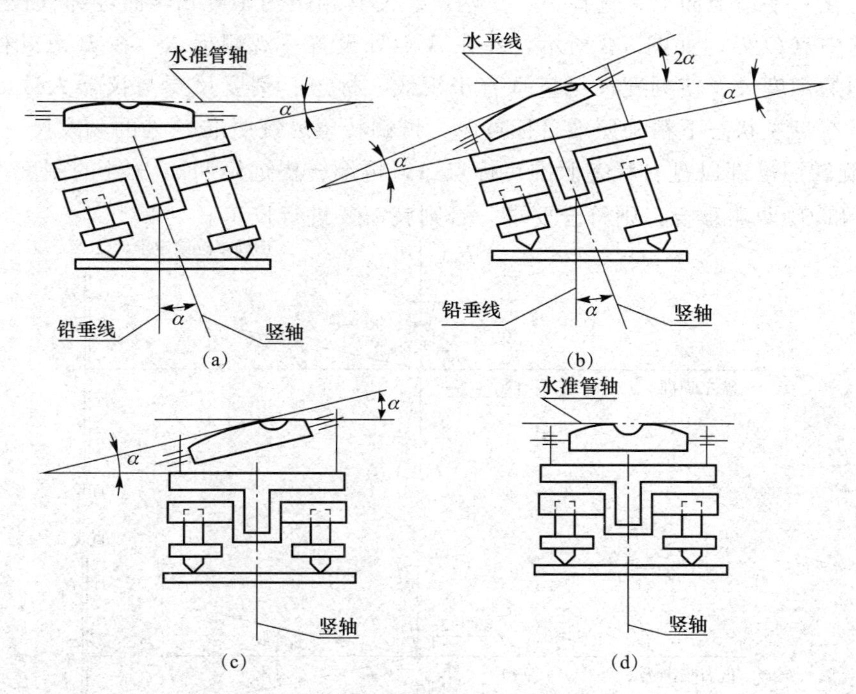

图 3-1　照准部水准管轴的检验与校正

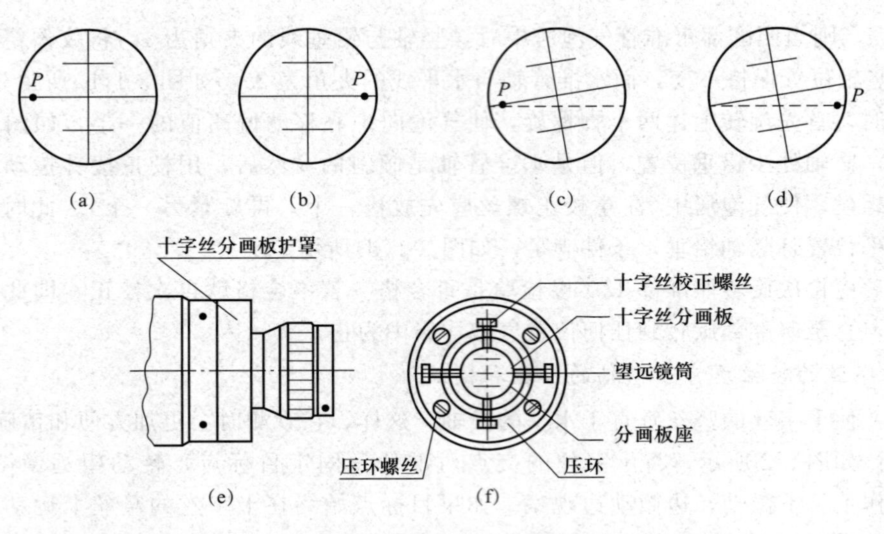

图 3-2　十字丝的竖丝垂直于横轴的检验与校正

3. 视准轴的检验和校正

目的：使视准轴垂直于仪器横轴，即望远镜视准轴绕水平轴旋转时扫出的是一竖直平面。

检验：在一平坦地面上，选择 A、B 两点，使其相距约 100 m，而经纬仪设置在 A、B 两点连线的中点 O 处，如图 3-3 所示，并在 A 点处设置一观测标志，在 B 点处横放一根刻有毫米分划的刻度尺，使刻度尺尽量垂直于视线，标志、刻度尺要与仪器大致处于同一高度。然后，在盘左状态下精确照准目标点 A，再倒转望远镜照准 B 处的刻度尺，得一读数，设为 B_1；旋转照准部以盘右状态照准目标点 A，再倒转望远镜照准 B 处的刻度尺，得读数 B_2。若 B_1 和 B_2 两点重合，则符合要求，否则就需要进行校正。

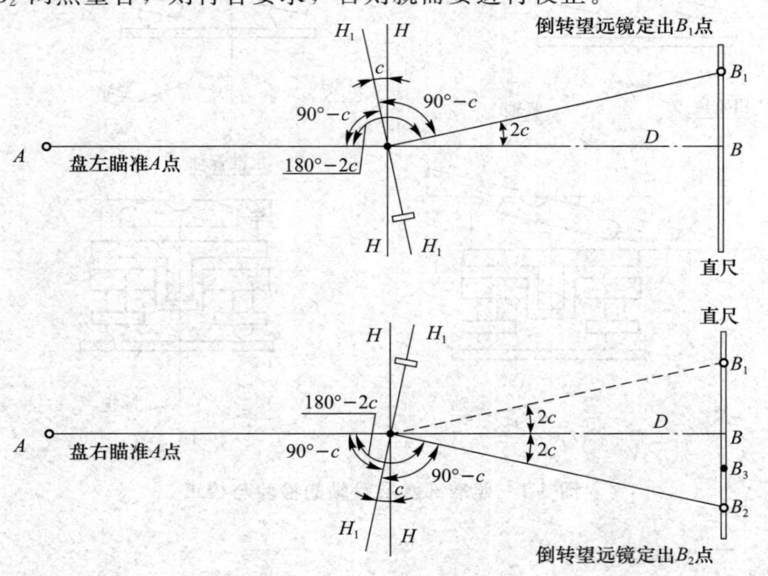

图 3-3　视准轴的检验和校正

校正：由图 3-3 可知，视准轴不垂直于横轴，而是与之相差了一个 c 角。c 就是视准轴误差。而 B_1 与 B_2 分别与点 B 相差了 $2c$，即 B_1 与 B_2 两点所对应的角度差为 $4c$。

于是在刻度尺上人为地定出一点 B_3，令 $B_3=(B_1B_2)/4$，然后再拨动十字丝左、右的两个校正螺丝，使十字丝的中心与 B_3 重合(即由 B_2 移向 B_3)。最后，旋紧两个校正螺丝。

注意：此项检校要反复进行，直到 c 值满足条件。

4. 横轴垂直于竖轴的检验和校正

目的：使横轴垂直于竖轴，那么仪器整平之后横轴水平，竖轴铅垂。视准轴绕水平轴旋转时扫出的面就是一个铅垂面，否则就是一个倾斜面，从而产生误差。

检验：如图 3-4 所示，首先，在距一面垂直高墙为 20～30 m 处安置经纬仪并整平仪器。把经纬仪调至盘左位置，照准墙体上高处一明显目标 P(仰角宜为 30°左右)。然后，固定照准部，将望远镜大致放平，根据经纬仪十字丝交点的位置在墙上定出一点 A。倒转望远镜，将仪器转成盘右位置，再次瞄准 P 点，固定照准部。然后，把望远镜置于水平位置，同样定出点 B。

如果 A、B 两点是重合的，则说明横轴是水平的，横轴垂直于竖轴；若不重合，则需要校正。

校正：首先，在墙上定出 A、B 两点连线的中点 M，以盘左或盘右位置照准 M 点并固定。然后，抬高望远镜，照准 P 点。此时，十字丝的交点必然偏离 P 点，设其为 P'点。

打开经纬仪支架的护盖并松开校正螺丝，调节横轴偏心板，升高或降低横轴偏心板的一端，使十字丝的交点精确照准 P 点，最后复原仪器。

一般而言，经纬仪都能够保证横轴垂直于竖轴，上述方法在误差较小时可以使用。在横轴出现较大误差时，应送回原厂进行检修。

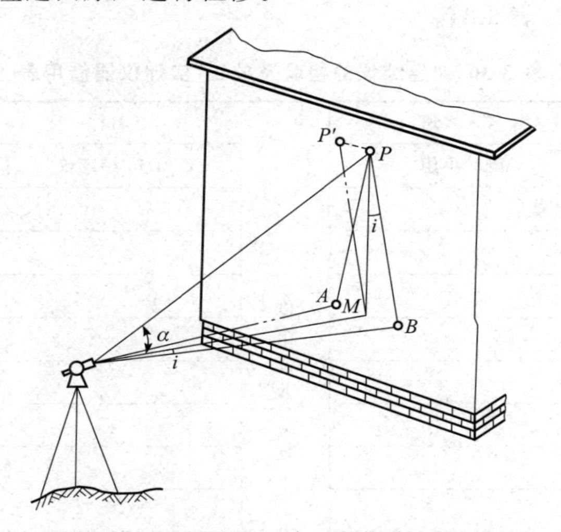

图 3-4 横轴垂直于竖轴的检验和校正

5. 竖盘指标差的检验和校正

目的：满足竖盘指标差为 0，即当指标水准管气泡居中时，指标处于正确位置。

检验：安置经纬仪并整平，后用以盘左、盘右位置观测同一目标点，在竖盘指标水准管气泡居中时，分别读取竖盘读数 L 和 R，并计算竖盘指标差 x。若 x 值超过 $1'$(DJ6 型）时，就需要进行校正。

校正：首先，计算出盘右位置时竖盘的正确读数 $R_0=R-x$。原盘右位置照准目标点固定后，再转动竖盘指标水准管微动螺旋，使竖盘读数变为正确读数 R_0。此时，竖盘指标水准管气泡不再居中，再用校正针拨动竖盘指标水准管一端的校正螺丝，使气泡居中即可。此项检校需反复进行，直至指标差满足要求为止。

6. 光学对中器的检验和校正

目的：使光学对中器的视准轴与仪器的竖轴重合，保证对中精度。

检验：在平坦地面上安置仪器并精确整平后，在光学对中器下方地面上固定一张白纸，将光学对中器的刻画中心投绘于白纸上，设为 O_1 点。然后，再旋转照准部 180°，再次将光学对中器的刻划中心投绘于白纸上，设为 O_2 点。若此两点重合，则条件满足；若不重合，则需校正。

校正：取 O_1 和 O_2 的中点，设为点 O，转动光学对中器的校正螺丝，移动分画板，使光学对中器的刻画中心精确对准点 O。此项校正也需反复进行。

(五)注意事项

(1)掌握检验方法。

(2)“校正一半”原则。

(3)校正完成后必须再次检验。

三、“经纬仪的检验与校正”实训记录

相关表格见表 3-30、表 3-31。

表 3-30 “经纬仪的检验及校正”实训仪器借用表

班级	**×××班**	借用仪器工具	名称	数量
小组	**第×小组**		**DJ6 经纬仪**	**1 台**
小组成员名单				
借用地点	**实训专用场**			
借用日期		借用人	**×××(组长)**	
交还日期		指导老师		

表 3-31 “经纬仪的检验与校正”实训情况表

班级：×××班　　　　　　　　天气：××

实训时间	实训名称				组长	×××
×年×月×日	**经纬仪的检验及校正**				副组长	×××
仪器借用情况	仪器(工具)名	数量	完好度	数量	完好度	归还时间
	DJ6 经纬仪	**1 台**				
实习情况	成员名单	操作情况	初评成绩	核定成绩	备注	
注意事项	1. 组长负责领用、清点、归还仪器及工具。 2. 小组成员必须服从老师和组长的安排。 3. 任何人损坏仪器及工具均应按律赔偿。 4. 严禁错误操作。 5. 借还用具时请走远离教室的楼梯和楼道，不准大声喧哗。 6. 在行走途中应注意保护仪器和工具。 7. 成绩按每次实训 10 分为满分评定，由组长初评成绩，由老师核定成绩。					

■ 四、“经纬仪的检验与校正”实训报告(参考)

相关表格见表3-32～表3-34。

表3-32 “经纬仪的检验与校正”实训报告(参考)

实训(验)日期：×年×月×日　　　　第×周×节

实训(验)任务：完成经纬仪几何条件检验程序。
实训(验)目标：学会经纬仪的检校方法。
实训(验)内容： 1. 经纬仪的检验及校正操作步骤 经纬仪应满足的几何条件：水准管轴垂直于竖轴；视准轴垂直于横轴；横轴垂直于竖轴。十字丝的竖丝应垂直于水平轴。 2. 水准管轴垂直于竖轴的检校 (1)检验方法：先使仪器粗平，再用脚螺旋使水准管气泡居中，然后转过180°看是否还居中，不居中则要校正。 (2)校正方法：拨动校正螺丝，拨偏一半再用脚螺旋使气泡居中。反复多次校正。 3. 十字丝的竖丝垂直于水平轴的检校 (1)检验方法：找一明显目标点固定望远镜，再转动微动螺旋看目标点是否在竖丝上移动，若不是则要校正。 (2)校正方法：校正拨动十字丝。 4. 视准轴垂直于横轴的检校 (1)检验方法：用盘左盘右瞄点法和四分之一法。 (2)校正方法：硬性拨动校正十字丝。 5. 横轴垂直于竖轴的检校 (1)检验方法：以盘左、盘右位置仰视30°后放平视线在墙上找点。如重合则无须校正，否则应校正。 (2)校正方法：专业校正。
实训(验)分析及体会： 1. 我在操作中发现…… 2. 我认为……更准确 3. …… 4. ……

表 3-33 “经纬仪的检验与校正”实训个人评分表

姓名：　　　　　　　　　　　　　　　　　　　同组成员：

项目	子项	分值	得分
专业能力	懂作业程序	20	
	能规范操作	20	
	数据符合精度要求	20	
个人能力	能有序收集信息	10	
	有记录和计算能力	10	
社会能力	团结协作能力	10	
	沟通能力	10	
合计		100	

表 3-34 “经纬仪的检验与校正”实训小组相互评分表

实训名称：**经纬仪的检验与校正**　　　　　　　时间：

评价小组名称：　　　　　　　　　　　　　　　评价小组组长(签名)：

组名	专业能力(40 分)	协作能力(30 分)	完成精度(30 分)	合计

本案学习与准备：

[复习资料]

1. 经纬仪应满足的几何条件

(1)水准管轴垂直于竖轴；

(2)视准轴垂直于横轴；

(3)横轴垂直于竖轴；

(4)十字丝的竖丝垂直于水平轴。

2. 经纬仪几何条件的检校

(1)水准管轴垂直于竖轴的检校。

检验方法：先使仪器粗平，再用脚螺旋使水准管气泡居中，再转过 180°看气泡是否还居中，不居中则要校正。

校正方法：拨动校正螺丝，拨偏一半再用脚螺旋使气泡居中。反复多次校正。

(2)十字丝的竖丝垂直于水平轴的检校。

检验方法：找一明显目标点固定望远镜，再转动微动螺旋，看目标点是否在竖丝上移动，若不是则要校正。

校正方法：校正拨动十字丝。

(3)视准轴垂直于横轴的检校。

检验方法：用盘左盘右瞄点法和四分之一法。

校正方法：硬性拨动校正十字丝。

(4)横轴垂直于竖轴的检校。

检验方法：以盘左、盘右位置仰视 30°后放平视线在墙上找点。如重合则无须校正，否则应校正。

校正方法：专业校正。

4 距离测量实训

实训 1 钢尺量距的一般方法

一、“钢尺量距的一般方法”实训任务书

某建筑工地正在做现场准备，现在需要完成现场区围墙长度的丈量，要求用钢尺量距的一般方法进行其水平距离丈量，并评定量距的精度。

工作任务：(1)测量小组拟定完整的测量方案；

(2)用目估定线的方法完成直线定线，并进行钢尺量距，相对误差不大于1/3 000；

(3)完成测量记录及成果计算。

二、“钢尺量距的一般方法”实训指导书

(一)实训基本目标

能用钢尺进行距离丈量，**相对误差不大于 1/3 000**。

1. 知识目标

认识距离丈量所用仪器和工具，知道用一般方法距离丈量的程序及要求。

2. 能力目标

能用钢尺进行距离丈量，知道测量实训的具体要求，懂得实训过程中具体问题的处理方法。

(二)实训计划与仪器、工具准备

(1)实训时数安排为 2 课时。

(2)每组实训准备：30 m钢尺1把、测钎1束、标杆2根、记录板1块，自备铅笔、计算器和记录计算表。

(三)实训任务与测量小组分工

(1)实训任务：实地丈量出场区围墙起点A和终点B的实际距离。

(2)测量小组分工：四人一组(拉尺两人、一名记录员、一名目估操作员)，按测量岗位分工协作实训。

(四)实训参考方法与步骤

(1)在地面上的A、B两点做标记，作为量距的起点、终点，并在A、B两点的外侧竖立标杆。

(2)往测：后尺手插一根测钎于A点并持尺零端在A点；前尺手携带其余测钎并手持钢尺尺把和标杆沿AB方向前进，行至一整尺距离处停下。立标杆听候指挥定线。

(3)一人立于A点后约1 m处，用目估法指挥持标杆者左、右移动标杆，使其标杆插在AB方向上，并在标杆下做出标记。

(4)后尺手以尺的零端对准A点，前尺手紧贴定线地面点，拉紧钢尺。当后尺手零点准确对在A点处，并发出“好”的信号时，前尺手立即在整尺长的终点分画处竖直插入一根测钎于地面，此时完成往测第一尺段的丈量。

(5)后尺手与前尺手抬尺等速向B点方向前进，当后尺手到达第一根测钎处时止步。重复第一尺段丈量的操作方法，丈量其余整尺段。每量完一整尺段时，后尺手都要将测钎拔起带走，后尺手手中的测钎数表示丈量的整尺段数。

(6)最后一段不足一整尺段时，后尺手仍以尺的零点对准测钎，前尺手读出终点B在尺上的读数(读数至毫米)称为余长。以上完成往测全长$D_{往}=nL+q$，式中：n为丈量的整尺段次数，L为整尺长，q为余长。

返测：与往测方法相同，由B向A进行返测，但返测必须重新进行定线。$D_{返}=nL+q$。

计算往、返丈量结果的平均值，并按下式计算相对误差K：

$$K=|D_{往}-D_{返}|/[1/2(D_{往}+D_{返})]=1/(D_{平均}/\Delta D)$$

K值应不大于1/3 000，若不满足精度要求，应重新进行丈量。若$K\leqslant 1/3\ 000$，取平均值作为AB段的长度。

(五)注意事项

(1)丈量时，定线要准，钢尺应拉直、拉平，用力均匀。

(2)丈量前要认清钢尺的零点位置。钢尺不可拖地而行，不可被车压人踩，用后要擦净、上油。

■ 三、“钢尺量距的一般方法”实训记录

相关表格见表 4-1、表 4-2。

表 4-1　“钢尺量距的一般方法”实训仪器借用表

班级	×××班	借用仪器工具	名称	数量
小组	第×小组		30 m 钢尺	1 把
小组成员名单			测钎	1 束
			标杆	2 根
借用地点	实训专用场			
借用日期		借用人		×××(组长)
交还日期		指导老师		

表 4-2 “钢尺量距的一般方法”实训情况表

班级：×××班　　　　　　　　　　　　天气：××

实训时间	实训名称	组长	×××
×年×月×日	**钢尺量距的一般方法**	副组长	×××

仪器借用情况	仪器(工具)名	数量	完好度	数量	完好度	归还时间
	30 m 钢尺	**1 把**				
	测钎	**1 束**				
	标杆	**2 根**				

实习情况	成员名单	操作情况	初评成绩	核定成绩	备注

注意事项	
	1. 组长负责领用、清点、归还仪器及工具。 2. 小组成员必须服从老师和组长的安排。 3. 任何人损坏仪器及工具均应按律赔偿。 4. 严禁错误操作。 5. 借还用具时请走远离教室的楼梯和楼道，不准大声喧哗。 6. 在行走途中应注意保护仪器和工具。 7. 成绩按每次实训 10 分为满分评定，由组长初评成绩，由老师核定成绩。

■ 四、“钢尺量距的一般方法”实训报告(参考)

相关表格见表 4-3～表 4-5。

表 4-3 “钢尺量距的一般方法”实训报告(参考)

实训(验)日期：××年×月×日　　　　第×周×节

实训(验)任务：**实地丈量出场区围墙起点 *A* 和终点 *B* 的实际距离。**

实训(验)目标：**能用钢尺进行距离丈量，相对误差不大于 1/3 000。**

实训(验)内容：

1. 准备工作

(1)方案及仪器工具准备；

(2)场地清理。

2. 丈量

(1)目估指挥者和前、后尺手的配合；

(2)正确的读尺方法；

(3)记录要求。

3. 距离确定

“距离测量”手簿

测量起止点	测量方向	整尺长/m	整尺数	余长/m	水平距离/m	往返较差/m	平均距离/m	精度

实训(验)分析及体会：

1. 我在操作中发现……

2. 我认为……更准确

3. ……

4. ……

表 4-4 “钢尺量距的一般方法”实训个人评分表

姓名： 同组成员：

项目	子项	分值	得分
专业能力	懂作业程序	20	
	能规范操作	20	
	数据符合精度要求	20	
个人能力	能有序收集信息	10	
	有记录和计算能力	10	
社会能力	团结协作能力	10	
	沟通能力	10	
合计		100	

表 4-5 “钢尺量距的一般方法”实训小组相互评分表

实训名称：钢尺量距的一般方法 时间：

评价小组名称： 评价小组组长(签名)：

组名	专业能力 40 分	协作能力 30 分	完成精度 30 分	合计

本案学习与准备：

［复习资料］

(1)在距离测量中，测钎用来标志所测尺段的起点、终点的位置。

(2)钢尺量距的一般方法的成果计算。

1)尺段长度计算。往测全长 $D_{往}=nL+q$，返测全长 $D_{返}=nL+q$。

2)计算全长往、返丈量结果的平均值：

$$D_{平}=\frac{D_{往}+D_{返}}{2}$$

3)评定量距精度。利用往、返测的全长 $D_{往}$、$D_{返}$ 按下式计算相对误差：

$$相对误差为\ K=\frac{|D_{往}-D_{返}|}{D_{平均}}=\frac{1}{D_{平均}/|D_{往}-D_{返}|}$$

如相对误差在规定的允许限度内，即 $K \leqslant K_{允}$，可取往、返丈量的平均值作为丈量成果。如果超限，则应重新丈量，直到符合要求为止。

实训2 精密量距

一、"精密量距"任务书

某工程施工现场需精确测设一条建筑基线，要求用钢尺量距的精密方法进行建筑基线的水平距离丈量，并评定量距的精度。

工作任务：(1)测量小组拟定完整的测量方案；

(2)用经纬仪完成直线定线，并进行精密量距；

(3)完成测量手簿记录及成果计算。

二、"精密量距"实训指导书

(一)实训基本目标

练习经纬仪直线定线和精密量距的方法。

1. 知识目标

熟悉经纬仪直线定线和精密量距的程序。

理解尺段各项改正公式的含义。

2. 能力目标

能用经纬仪进行直线定线。

能用钢尺等工具进行精密量距，并能对外业和内业数据进行整理。

(二)实训计划与仪器、工具准备

(1)实训时数安排为2学时。

(2)每组实训准备：DJ6型光学经纬仪1台、钢卷尺1把、铁锤1把、木桩数个，自备记录板1块，记录表等。

(三)实训任务与测量小组分工

(1)实训任务：在现场精确测设一条建筑基线。

(2)测量小组分工：五人一组(拉尺两人、记录员一名、经纬仪操作员一名、钉桩员一名)，按测量岗位分工协作实训。

(四)实训参考方法与步骤

1. 准备工作

(1)清理场地。在欲丈量的两点方向线上，清除影响丈量的障碍物，必要时要适当平整场地，使钢尺在每一尺段中不致因地面障碍物而产生挠曲。

（2）直线定线。用经纬仪定线。如图 4-1 所示，首先安置经纬仪于 A 点，照准 B 点，固定照准部，沿 AB 方向用钢尺进行概量，按稍短于一尺段长的位置，由经纬仪指挥打下木桩。桩顶高出地面 10～20 cm，并在桩顶钉一小钉，使小钉在 AB 直线上；或在木桩顶上划十字线，使十字线其中的一条在 AB 直线上，小钉或十字线的交点即 1 点的中心，依此法再定出其他点。

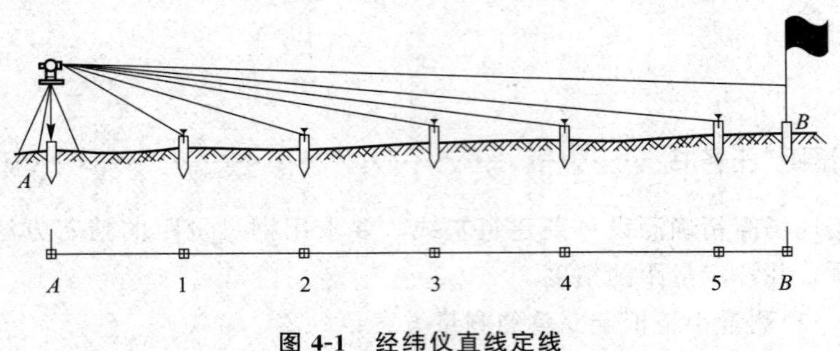

图 4-1　经纬仪直线定线

（3）测桩顶间高差。利用水准仪，用双面尺法或往、返测法测出各相邻桩顶间的高差。所测相邻桩顶间高差之差一般不超过±10 mm，在限差内取其平均值作为相邻桩顶间的高差，以便将沿桩顶丈量的倾斜距离改算成水平距离。

2. 丈量方法

（1）精密量距用检定过的钢尺进行，一般由两人拉尺，两人读数，一人测温度兼记录。丈量时，后尺手挂弹簧秤于钢尺的零端，前尺手执尺子的末端，两人同时拉紧钢尺，把钢尺有刻划的一侧贴切于木桩顶十字线的交点，达到标准拉力时，由后尺手发出“预备”口令，两人拉稳尺子，由前尺手喊“好”。在此瞬间，前、后读尺员同时读取读数，估读至 0.5 mm，记录员依次将数据记入手簿，并计算尺段长度。

（2）前、后移动钢尺一段距离，同法再次丈量。每一尺段测三次，读三组读数，由三组读数算得的长度之差要求不超过 2 mm，否则应重测。如在限差之内，取三次结果的平均值，作为该尺段的观测结果。同时，每一尺段测量应记录温度一次，估读至 0.5 ℃。如此继续丈量至终点，即完成往测工作。

（3）完成往测后，应立即进行返测。

3. 成果计算

将每一尺段的丈量结果经过尺长改正、温度改正和倾斜改正后改算成水平距离，并求总和，得到直线往测、返测的全长。往、返测较差符合精度要求后，取往、返测结果的平均值作为最后成果。

（五）注意事项

（1）丈量距离时会遇到地面平坦、起伏或倾斜等各种不同的地形情况，但不论何种情况，丈量距离有三个基本要求：“直、平、准”。直，就是要量两点之间的直线长度，不是折线或曲线长度，因此定线要直，尺要拉直；平，就是要量两点之间的水平距离，要求尺身水平，如果量取斜距也要改算成水平距离；准，就是对点、投点、计算要准，丈量结果不能有错误，并符合精度要求。

(2)丈量时，前、后尺手要配合好，尺身要置水平，尺要拉紧，用力要均匀，投点要稳，对点要准，尺稳定时再读数。

(3)钢尺在拉出和收卷时，要避免钢尺打卷。在丈量时，不要在地上拖拉钢尺，更不要扭折，防止钢尺被行人踩和车压，以免折断。

(4)尺子用过后，要用软布擦干净，涂以防锈油，再卷入盒中。

(5)钢尺的标准拉力为 100 N，故一般丈量中只要保持拉力均匀即可。

(6)丈量中注意不要认错尺的零点，如将 6 误认为 9；不要记错整尺段数；读数时，不要由于精力集中于小数而对分米、米有所疏忽，把数字读错或读颠倒；记录员不要听错、记错等。为防止错误就要认真校核，提高操作水平，加强工作责任心。

■ 三、“精密量距”记录计算表

相关表格见表 4-6。

表 4-6 “精密量距”记录计算表

<table>
<tr><td colspan="4">钢尺号码：</td><td colspan="4">钢尺膨胀系数：</td><td colspan="3">钢尺检定时的温度 t_0：</td></tr>
<tr><td colspan="4">钢尺名义长度：</td><td colspan="4">钢尺检定长度：</td><td colspan="3">钢尺检定时的拉力：</td></tr>
<tr><td>尺段编号</td><td>实测次数</td><td>前尺读数/m</td><td>后尺读数/m</td><td>尺段长度/m</td><td>温度/℃</td><td>高差/m</td><td>温度改正数/mm</td><td>倾斜改正数/mm</td><td>尺长改正数/mm</td><td>改正后尺段长/m</td></tr>
<tr><td rowspan="4"></td><td>1</td><td></td><td></td><td></td><td rowspan="4"></td><td rowspan="4"></td><td rowspan="4"></td><td rowspan="4"></td><td rowspan="4"></td><td rowspan="4"></td></tr>
<tr><td>2</td><td></td><td></td><td></td></tr>
<tr><td>3</td><td></td><td></td><td></td></tr>
<tr><td>平均</td><td></td><td></td><td></td></tr>
<tr><td rowspan="4"></td><td>1</td><td></td><td></td><td></td><td rowspan="4"></td><td rowspan="4"></td><td rowspan="4"></td><td rowspan="4"></td><td rowspan="4"></td><td rowspan="4"></td></tr>
<tr><td>2</td><td></td><td></td><td></td></tr>
<tr><td>3</td><td></td><td></td><td></td></tr>
<tr><td>平均</td><td></td><td></td><td></td></tr>
<tr><td rowspan="4"></td><td>1</td><td></td><td></td><td></td><td rowspan="4"></td><td rowspan="4"></td><td rowspan="4"></td><td rowspan="4"></td><td rowspan="4"></td><td rowspan="4"></td></tr>
<tr><td>2</td><td></td><td></td><td></td></tr>
<tr><td>3</td><td></td><td></td><td></td></tr>
<tr><td>平均</td><td></td><td></td><td></td></tr>
<tr><td rowspan="4"></td><td>1</td><td></td><td></td><td></td><td rowspan="4"></td><td rowspan="4"></td><td rowspan="4"></td><td rowspan="4"></td><td rowspan="4"></td><td rowspan="4"></td></tr>
<tr><td>2</td><td></td><td></td><td></td></tr>
<tr><td>3</td><td></td><td></td><td></td></tr>
<tr><td>平均</td><td></td><td></td><td></td></tr>
<tr><td rowspan="4"></td><td>1</td><td></td><td></td><td></td><td rowspan="4"></td><td rowspan="4"></td><td rowspan="4"></td><td rowspan="4"></td><td rowspan="4"></td><td rowspan="4"></td></tr>
<tr><td>2</td><td></td><td></td><td></td></tr>
<tr><td>3</td><td></td><td></td><td></td></tr>
<tr><td>平均</td><td></td><td></td><td></td></tr>
<tr><td>总和</td><td></td><td></td><td></td><td></td><td></td><td></td><td></td><td></td><td></td><td></td></tr>
</table>

■ 四、“精密量距”实训记录

相关表格见表 4-7、表 4-8。

表 4-7 “精密量距”实训仪器借用表

班级	×××班	借用仪器工具	名称	数量
小组	第×小组		DJ6 光学经纬仪	1 台
小组成员名单			50 m 钢尺	1 把
			铁锤	1 把
			木桩	数个
借用地点	实训专用场			
借用日期		借用人	×××(组长)	
交还日期		指导老师		

表 4-8 “精密量距”实训情况表

班级：×××班　　　　　　　　　　　　天气：××

实训时间	实训名称				组长	×××
×年×月×日	精密量距				副组长	×××
仪器借用情况	仪器(工具)名	数量	完好度	数量	完好度	归还时间
	DJ6 光学经纬仪	1 台				
	50 m 钢尺	1 把				
	铁锤	1 把				
	木桩	数个				
实习情况	成员名单	操作情况	初评成绩	核定成绩	备注	
注意事项	1. 组长负责领用、清点、归还仪器及工具。 2. 小组成员必须服从老师和组长的安排。 3. 任何人损坏仪器及工具均应按律赔偿。 4. 严禁错误操作。 5. 借还用具时请走远离教室的楼梯和楼道，不准大声喧哗。 6. 在行走途中应注意保护仪器和工具。 7. 成绩按每次实训 10 分为满分评定，由组长初评成绩，由老师核定成绩。					

■ 五、“精密量距”实训报告(参考)

相关表格见表 4-9～表 4-11。

表 4-9 “精密量距”实训报告(参考)

实训(验)日期：××年×月×日　　　　　　　　　　　　　　　　　　第×周×节

实训(验)任务：

实训(验)目标：

实训(验)内容：

1. 准备工作

(1)清理场地；

(2)直线定线。

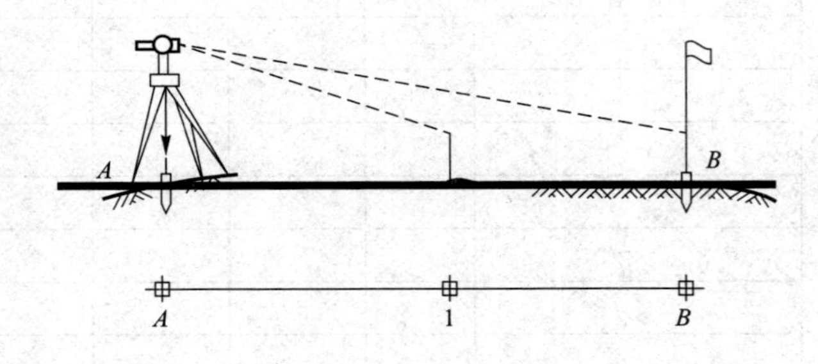

2. 丈量

(1)前、后尺手的配合；

(2)正确的读尺方法；

(3)记录要求。

距离测量记录表

边名	测量	往测读数	返测读数	边名	测量	往测读数	返测读数
	1				1		
	2				2		
	3				3		
	平均				平均		
	社返平均				社返平均		

实训(验)分析及体会：

1. 我在操作中发现……

2. 我认为……更准确

3. ……

4. ……

表 4-10 “精密量距”实训个人评分表

姓名：　　　　　　　　　　　　　　同组成员：

项目	子项	分值	得分
专业能力	懂作业程序	20	
	能规范操作	20	
	数据符合精度要求	20	
个人能力	能有序收集信息	10	
	有记录和计算能力	10	
社会能力	团结协作能力	10	
	沟通能力	10	
合计		100	

表 4-11 “精密量距”实训小组相互评分表

实训名称：精密量距　　　　　　　　　　时间：

评价小组名称：　　　　　　　　　　　　评价小组组长(签名)：

组名	专业能力(40 分)	协作能力(30 分)	完成精度(30 分)	合计

本案学习与准备：

[复习资料]

(1)直线定线就是当两点间距较大或地势起伏较大时，要分成几段进行距离丈量。为了使所量距离为直线距离，需要在两点连线方向上竖立一些标志，并把这些标志标定在已知直线上。在丈量精度不高时，可用目估法定线，如果精度要求较高，则要用经纬仪定线。

(2)精密量距成果计算。

1)尺段长度计算。根据尺长、温度改正和倾斜改正，计算尺段改正后的水平距离。

尺长改正：
$$\Delta L_l=\frac{\Delta l}{l_0}L$$

温度改正：
$$\Delta L_t=\alpha(t-t_0)L$$

倾斜改正：
$$\Delta L_h=-\frac{h^2}{2L}$$

尺段改正后的水平距离：
$$D=L+\Delta L_l+\Delta L_t+\Delta L_h$$

式中 ΔL_l——尺段的尺长改正数(mm)；

ΔL_t——尺段的温度改正数(mm)；

ΔL_h——尺段的倾斜改正数(mm)；

h——尺段两端点的高差(m)；

L——尺段的观测结果(m)；

D——尺段改正后的水平距离(m)。

2)计算全长。将各个尺段改正后的水平距离相加即得到尺段全长。

3)评定量距精度。利用往、返测的全长 $D_{往}$、$D_{返}$ 按下式计算相对误差：

$$K=\frac{|D_{往}-D_{返}|}{D_{平均}}=\frac{1}{D_{平均}/|D_{往}-D_{返}|}$$

如相对误差在规定的允许限度内，即 $K\leqslant K_{允}$，可取往返丈量的平均值作为丈量成果。如果超限，则应重新丈量，直到符合要求为止。

5 全站仪及应用实训

实训 1 全站仪角度测量

一、“全站仪角度测量”实训任务书

某教学楼工程定位放线工作已经完成，现已通知监理来验线。监理已经提出了验线方案，其中要求检查各轴线间的垂直度是否能保证精度要求。

工作任务：(1)测量小组拟定完整的验线方案；

(2)用全站仪测角，验证轴线间的垂直度，角度偏差应小于±20″；

(3)完成测量记录及成果计算。

二、“全站仪角度测量”实训指导书

(一)实训基本目标

掌握全站仪角度测量的实施过程。

1. 知识目标

认识全站仪的构造，知道全站仪角度测量的原理和步骤。

2. 能力目标

学会安置全站仪，使用全站仪进行水平角测量并记录。

(二)实训计划与仪器、工具准备

(1)实训时数安排为 2 课时。

(2)每组实训准备：全站仪 1 套、标杆 2 根、记录板 1 个、测伞 1 把，记录笔、记录表、记录夹等。

(三)实训任务与测量小组分工

(1)实训任务：用全站仪测角，验证轴线间的垂直度，角度偏差应小于±20″。

(2)测量小组分工：四人一组(一人观测，一人记录，两人扶杆)，按测量岗位分工协作轮流作业。

(四)实训参考方法与步骤

1. 安置仪器

(1)安置仪器：在房屋轴线的交点(设为 O 点)上安置全站仪。安放三脚架，固定全站仪到三脚架上，高度适中。

(2)强制对中：移动三脚架，使光学对点器中心与测点重合。

(3)粗略整平：调节三脚架，使圆水准器气泡居中。

(4)精确整平：调节脚螺旋，使水准管气泡居中。

(5)精确对中：移动基座，精确对中(只能前、后、左、右移动，不能旋转)。

(6)重复(4)、(5)两步，直到完全对中、整平。

2. 确定观测目标

在待验轴线方向上选取 A、B 两点，分别在 A、B 两点上安置标杆。

3. 用测回法进行角度测量

(1)按电源键开机，将全站仪调整到角度测量模式。

(2)将仪器置于盘左状态，照准左侧目标 A，设置 A 的水平角读数为 $0°02'30''$。

(3)照准右侧目标 B，测记水平角读数。

(4)盘右照准右目标 B，测记水平角读数。

(5)盘右照准右目标 A，测记水平角读数，完成一个测回角度测量。

4. 测第二个测回

盘左照准 A，设置 A 的水平角读数为 $90°17'30''$，重复“3.”中的(3)～(5)步，完成第二个测回角度的测量。

(五)注意事项

(1)操作前能说出全站仪的主要部件的名称及作用。

(2)全站仪要先安置，再按下机器按钮。

(3)照准标杆时要照准标杆的底部。

■ 三、“全站仪角度测量”实训记录

相关表格见表 5-1、表 5-2。

表 5-1 “全站仪角度测量”实训仪器借用表

<table>
<tr><td>班级</td><td>×××班</td><td rowspan="7">借用仪器工具</td><td>名称</td><td>数量</td></tr>
<tr><td>小组</td><td>第×小组</td><td>全站仪</td><td>1 套</td></tr>
<tr><td colspan="2">小组成员名单</td><td>标杆</td><td>2 根</td></tr>
<tr><td></td><td></td><td>记录板</td><td>1 个</td></tr>
<tr><td></td><td></td><td>测伞</td><td>1 把</td></tr>
<tr><td></td><td></td><td></td><td></td></tr>
<tr><td>借用地点</td><td>实训专用场</td><td></td><td></td></tr>
<tr><td>借用日期</td><td></td><td colspan="2">借用人</td><td>×××(组长)</td></tr>
<tr><td>交还日期</td><td></td><td colspan="2">指导老师</td><td></td></tr>
</table>

表 5-2 “全站仪角度测量”实训情况表

班级：×××班　　　　　　　　　　　　天气：××

<table>
<tr><td colspan="2">实训时间</td><td colspan="6">实训名称</td><td>组长</td><td>×××</td></tr>
<tr><td colspan="2"></td><td colspan="6">**全站仪角度测量**</td><td>副组长</td><td>×××</td></tr>
<tr><td colspan="2" rowspan="13">仪器借用情况</td><td>仪器(工具)名</td><td colspan="2">数量</td><td colspan="2">完好度</td><td>数量</td><td>完好度</td><td>归还时间</td></tr>
<tr><td>**全站仪**</td><td colspan="2">**1 套**</td><td colspan="2"></td><td></td><td></td><td></td></tr>
<tr><td>**标杆**</td><td colspan="2">**2 根**</td><td colspan="2"></td><td></td><td></td><td></td></tr>
<tr><td>**记录板**</td><td colspan="2">**1 个**</td><td colspan="2"></td><td></td><td></td><td></td></tr>
<tr><td>**测伞**</td><td colspan="2">**1 把**</td><td colspan="2"></td><td></td><td></td><td></td></tr>
<tr><td></td><td colspan="2"></td><td colspan="2"></td><td></td><td></td><td></td></tr>
<tr><td></td><td colspan="2"></td><td colspan="2"></td><td></td><td></td><td></td></tr>
<tr><td></td><td colspan="2"></td><td colspan="2"></td><td></td><td></td><td></td></tr>
<tr><td></td><td colspan="2"></td><td colspan="2"></td><td></td><td></td><td></td></tr>
<tr><td></td><td colspan="2"></td><td colspan="2"></td><td></td><td></td><td></td></tr>
<tr><td></td><td colspan="2"></td><td colspan="2"></td><td></td><td></td><td></td></tr>
<tr><td></td><td colspan="2"></td><td colspan="2"></td><td></td><td></td><td></td></tr>
<tr><td></td><td colspan="2"></td><td colspan="2"></td><td></td><td></td><td></td></tr>
<tr><td rowspan="13">实习情况</td><td>成员名单</td><td colspan="2">操作情况</td><td colspan="2">初评成绩</td><td colspan="2">核定成绩</td><td colspan="2">备注</td></tr>
<tr><td></td><td colspan="2"></td><td colspan="2"></td><td colspan="2"></td><td colspan="2"></td></tr>
<tr><td></td><td colspan="2"></td><td colspan="2"></td><td colspan="2"></td><td colspan="2"></td></tr>
<tr><td></td><td colspan="2"></td><td colspan="2"></td><td colspan="2"></td><td colspan="2"></td></tr>
<tr><td></td><td colspan="2"></td><td colspan="2"></td><td colspan="2"></td><td colspan="2"></td></tr>
<tr><td></td><td colspan="2"></td><td colspan="2"></td><td colspan="2"></td><td colspan="2"></td></tr>
<tr><td></td><td colspan="2"></td><td colspan="2"></td><td colspan="2"></td><td colspan="2"></td></tr>
<tr><td></td><td colspan="2"></td><td colspan="2"></td><td colspan="2"></td><td colspan="2"></td></tr>
<tr><td></td><td colspan="2"></td><td colspan="2"></td><td colspan="2"></td><td colspan="2"></td></tr>
<tr><td></td><td colspan="2"></td><td colspan="2"></td><td colspan="2"></td><td colspan="2"></td></tr>
<tr><td></td><td colspan="2"></td><td colspan="2"></td><td colspan="2"></td><td colspan="2"></td></tr>
<tr><td></td><td colspan="2"></td><td colspan="2"></td><td colspan="2"></td><td colspan="2"></td></tr>
<tr><td></td><td colspan="2"></td><td colspan="2"></td><td colspan="2"></td><td colspan="2"></td></tr>
<tr><td>注意事项</td><td colspan="9">1. 组长负责领用、清点、归还仪器及工具。
2. 小组成员必须服从老师和组长的安排。
3. 任何人损坏仪器及工具均应按律赔偿。
4. 严禁错误操作。
5. 借还用具时请走远离教室的楼梯和楼道，不准大声喧哗。
6. 在行走途中应注意保护仪器和工具。
7. 成绩按每次实训 10 分为满分评定，由组长初评成绩，由老师核定成绩。</td></tr>
</table>

■ 四、“全站仪角度测量”记录手簿

相关表格见表 5-3。

表 5-3 “全站仪角度测量”记录手簿

日期：　　　　　　班级：　　　　　　小组：　　　　　　姓名：

测站	竖盘位置	目标	水平角读数/(° ′ ″)	半测回水平角/(° ′ ″)	一测回水平角/(° ′ ″)
	左				
	右				
	左				
	右				
	左				
	右				
	左				
	右				
	左				
	右				
	左				
	右				
	左				
	右				
	左				
	右				

■ 五、“全站仪角度测量”实训报告(参考)

相关表格见表 5-4～表 5-6。

表 5-4　“全站仪角度测量”实训报告(参考)

实训(验)日期：×年×月×日　　　　　　　　　　　　　　　　　　　　第×周×节

实训(验)任务：用全站仪测角，验证轴线间的垂直度，角度偏差应小于±20″。

实训(验)目标：学会安置全站仪，使用全站仪进行水平角测量并记录。

实训(验)内容：

1. 安置仪器

(1)安置仪器：在房屋轴线的交点(设为 *O* 点)上安置全站仪。安放三脚架，固定全站仪到三脚架上，高度适中。

(2)强制对中：移动三脚架，使光学对点器中心与测点重合。

(3)粗略整平：调节三脚架，使圆水准器气泡居中。

(4)精确整平：调节脚螺旋，使水准管气泡居中。

(5)精确对中：移动基座，精确对中(只能前、后、左、右移动，不能旋转)。

(6)重复(4)、(5)两步，直到完全对中、整平。

2. 确定观测目标

在待验轴线方向上选取 *A*、*B* 两点，分别在 *A*、*B* 两点上安置标杆。

3. 用测回法进行角度测量

(1)按电源键开机，将全站仪调整到角度测量模式。

(2)将仪器置于盘左状态，照准左侧目标 *A*，设置 *A* 的水平角读数为 0°02′30″。

(3)照准右侧目标 *B*，测记水平角读数。

(4)盘右照准右目标 *B*，测记水平角读数。

(5)盘右照准右目标 *A*，测记水平角读数，完成一个测回角度测量。

4. 测第二个测回

盘左照准 *A*，设置 *A* 的水平角读数为 90°17′30″，重复“3.”中的(3)～(5)步，完成第二个测回角度的测量。

实训(验)分析及体会：

1. 我在操作中发现……

2. 我认为……更准确

3. ……

4. ……

表 5-5 “全站仪角度测量”实训个人评分表

姓名：　　　　　　　　　　　　　　　　同组成员：

项目	子项	分值	得分
专业能力	懂作业程序	20	
	能规范操作	20	
	数据符合精度要求	20	
个人能力	能有序收集信息	10	
	有记录和计算能力	10	
社会能力	团结协作能力	10	
	沟通能力	10	
合计		100	

表 5-6 “全站仪角度测量”实训小组相互评分表

实训名称：全站仪角度测量　　　　　　　　时间：

评价小组名称：　　　　　　　　　　　　　评价小组组长(签名)：

组名	专业能力(40 分)	协作能力(30 分)	完成精度(30 分)	合计

本案学习测试与准备：

[复习资料]

(1)角度测量原理：β=右目标读数－左目标读数。

(2)测回法水平角观测步骤：安置仪器→盘左观测→盘右观测→取平均值。

实训2　全站仪距离测量

一、“全站仪距离测量”实训任务书

某工程项目已经进行现场规划，现要求准确决定场区内从起点 A 到终点 B 的主干道的实际距离，并且精度要达到往、返测的相对误差不超过1/10 000。

工作任务：(1)测量小组拟定测距方案；

(2)用全站仪测距，相对误差达1/10 000标准；

(3)完成测量记录及成果计算。

二、“全站仪距离测量”实训指导书

(一)实训基本目标

掌握全站仪距离测量的实施过程。

1. 知识目标

认识全站仪的构造，知道全站仪距离测量的原理和步骤。

2. 能力目标

会安置全站仪和棱镜，会使用全站仪进行距离测量并记录。

(二)实训计划与仪器、工具准备

(1)实训时数安排为2课时。

(2)每组实训准备：全站仪1套、棱镜1个、记录板1个、测伞1把，记录笔、记录表、记录夹等。

(三)实训任务与测量小组分工

(1)实训任务：测量场区内从起点 A 到终点 B 的主干道的实际距离，并且精度要达到往、返测的相对误差不超过1/10 000。

(2)测量小组分工：三人一组(一人观测、一人记录、一人安置棱镜)，按测量岗位分工协作轮流作业。

(四)实训参考方法与步骤

1. 安置全站仪

(1)安置仪器：在地面起点 A(或终点 B)安置全站仪。安放三脚架，固定全站仪到三脚架上，高度适中。

(2)强制对中：移动三脚架，使光学对点器的中心与测点重合。

(3)粗略整平：调节三脚架，使圆水准器气泡居中。

(4)精确整平：调节脚螺旋，使水准管气泡居中。

(5)精确对中：移动基座，精确对中(只能前、后、左、右移动，不能旋转)。

(6)重复(4)、(5)两步，直到完全对中、整平。

2. 安置棱镜

在终点 B(或起点 A)安置棱镜。安置棱镜的步骤同安置全站仪的步骤一样。

3. 用全站仪进行距离测量

(1)按红色电源键开机，将全站仪调整到距离测量模式。

(2)进入设置菜单，选取第一项“观测条件”，将“测距模式”改为“平距”。

(3)进入第二页主菜单，按“F4”键进入“EDM”，将“测距模式”改为“单次精测”或“均值精测”，将“反射器”改为“棱镜”，将“棱镜常数”改为“－30”，输入当前的温度和气压。

(4)返回到第一页主菜单，照准棱镜中心，按“测距”按钮进行距离测量并记录。

4. 返测

将棱镜和全站仪的位置互换，再进行距离返测并记录。

(五)注意事项

(1)操作前能说出全站仪的主要部件的名称及作用。

(2)全站仪要先安置，再按下机器按钮。

(3)照准棱镜时一定要让十字丝的中心对准棱镜中心。

(4)往、返测的相对误差不应超过 1/10 000。

■ 三、“全站仪距离测量”实训记录

相关表格见表 5-7、表 5-8。

表 5-7 “全站仪距离测量”实训仪器借用表

班级	×××班	借用仪器工具	名称	数量
小组	**第×小组**		**全站仪**	**1套**
小组成员名单			**棱镜**	**1个**
			记录板	**1个**
			测伞	**1把**
借用地点	**实训专用场**			
借用日期		借用人	**×××(组长)**	
交还日期		指导老师		

表 5-8 “全站仪距离测量”实训情况表

班级：×××班　　　　　　　　　　　　天气：××

实训时间	实训名称				组长	×××
×年×月×日	**全站仪距离测量**				副组长	×××
仪器借用情况	仪器(工具)名	数量	完好度	数量	完好度	归还时间
	全站仪	**1 套**				
	棱镜	**1 个**				
	记录板	**1 个**				
	测伞	**1 把**				

	成员名单	操作情况	初评成绩	核定成绩	备注
实习情况					
注意事项	1. 组长负责领用、清点、归还仪器及工具。 2. 小组成员必须服从老师和组长的安排。 3. 任何人损坏仪器及工具均应按律赔偿。 4. 严禁错误操作。 5. 借还用具时请走远离教室的楼梯和楼道，不准大声喧哗。 6. 在行走途中应注意保护仪器和工具。 7. 成绩按每次实训 10 分为满分评定，由组长初评成绩，由老师核定成绩。				

■ 四、“全站仪距离测量”记录手簿

相关表格见表 5-9。

表 5-9 “全站仪距离测量”记录手簿

日期： 班级： 小组： 姓名：

测站	目标点	次数	距离/m	平均距离/m	相对误差
		往测			
		返测			
		往测			
		返测			
		往测			
		返测			
		往测			
		返测			
		往测			
		返测			
		往测			
		返测			
		往测			
		返测			
		往测			
		返测			
		往测			
		返测			
		往测			
		返测			
		往测			
		返测			
		往测			
		返测			
		往测			
		返测			

■ 五、"全站仪距离测量"实训报告(参考)

相关表格见表 5-10～表 5-12。

表 5-10 "全站仪距离测量"实训报告(参考)

实训(验)日期：×年×月×日　　　　第×周×节

实训(验)任务：全站仪距离测量。
实训(验)目标：学会安置全站仪和棱镜，使用全站仪进行距离测量。
实训(验)内容： **1. 安置全站仪** (1)安置仪器：在地面上选定一点 *O*，在 *O* 点安置全站仪。安放三脚架，固定全站仪到三脚架上，高度适中。 (2)强制对中：移动三脚架，使光学对点器的中心与测点重合。 (3)粗略整平：调节三脚架，使圆水准器气泡居中。 (4)精确整平：调节脚螺旋，使水准管气泡居中。 (5)精确对中：移动基座，精确对中(只能前、后、左、右移动，不能旋转)。 (6)重复(4)、(5)两步，直到完全对中、整平。 **2. 安置棱镜** 在测站点附近选取测点 *A*，在 *A* 点安置棱镜。安置棱镜的步骤同安置全站仪的步骤一样。 **3. 用全站仪进行距离测量** (1)按红色电源键开机，将全站仪调整到距离测量模式。 (2)进入设置菜单，选取第一项"观测条件"，将"测距模式"改为"平距"。 (3)进入第二页主菜单，按"F4"键进入"EDM"，将"测距模式"改为"单次精测"或"均值精测"，将"反射器"改为"棱镜"，将"棱镜常数"改为"－30"，输入当前的温度和气压。 (4)返回第一页主菜单，照准棱镜中心，按"测距"按钮进行距离测量并记录。 **4. 返测** 将棱镜和全站仪的位置互换，再进行距离返测并记录
实训(验)分析及体会： 1. 我在操作中发现…… 2. 我认为……更准确 3. …… 4. ……

表 5-11 “全站仪距离测量”实训个人评分表

姓名： 同组成员：

项目	子项	分值	得分
专业能力	懂作业程序	20	
	能规范操作	20	
	数据符合精度要求	20	
个人能力	能有序收集信息	10	
	有记录和计算能力	10	
社会能力	团结协作能力	10	
	沟通能力	10	
合计		100	

表 5-12 “全站仪距离测量”实训小组相互评分表

实训名称：全站仪距离测量 时间：

评价小组名称： 评价小组组长(签名)：

组名	专业能力(40 分)	协作能力(30 分)	完成精度(30 分)	合计

本案学习测试与准备：

[复习资料]

(1)测量的三项基本工作包括 水平距离测量 、 水平角测量 、 高程测量 。

(2)量距的工具包括 钢尺 、 标杆 、 测钎 、 锤球 等。

实训 3　全站仪坐标测量

一、"全站仪坐标测量"实训任务书

某学院图书馆工程的定位放线工作已经完成，现已通知监理来验线。监理已经提出了验线方案，其中要求检查各轴线交点位置是否达到图纸设计要求。

工作任务：(1)测量小组拟定完整的验线方案；

(2)用全站仪测量坐标，验证轴线交点位置是否达到图纸设计要求，坐标偏差小于±5 mm；

(3)完成测量记录及成果计算。

二、"全站仪坐标测量"实训指导书

(一)实训基本目标

掌握全站仪坐标测量的实施过程。

1. 知识目标

认识全站仪的构造，知道全站仪坐标测量的原理和步骤。

2. 能力目标

学会安置全站仪和棱镜，使用全站仪进行坐标测量并记录。

(二)实训计划与仪器、工具准备

(1)实训时数安排为 2 课时。

(2)每组实训准备：全站仪 1 套、棱镜 2 个、记录板 1 个、测伞 1 把，记录笔、记录表等。

(三)实训任务与测量小组分工

(1)实训任务：用全站仪测量坐标，验证轴线交点位置是否达到图纸设计要求，坐标偏差应小于±5 mm。

(2)测量小组分工：四人一组(一人观测、一人记录、两人安置棱镜)，按测量岗位分工协作轮流作业。

(四)实训参考方法与步骤

(1)校核现场作为测站点和后视点的已知控制点。

(2)坐标测量实施。

1)安置仪器。

①安置仪器：在测站点安置全站仪。安放三脚架，固定全站仪到三脚架上，高度适中。

②强制对中：移动三脚架，使光学对点器的中心与测点重合。

③粗略整平：调节三脚架，使圆水准器气泡居中。

④精确整平：调节脚螺旋，使水准管气泡居中。

⑤精确对中：移动基座，精确对中(只能前、后、左、右移动，不能旋转)。

⑥重复④、⑤两步，直到完全对中、整平。

2)确定目标。分别在后视点和待测目标点上安置棱镜，棱镜安置步骤同全站仪。

3)设置测站。

①用钢尺量取地面点到仪器中心的高度。

②按电源键开机，将全站仪调整到坐标测量模式。选取“测站定向”→“测站坐标”，输入测站点的平面坐标(X，Y)和高程 H，仪器面板显示为 N、E、Z；输入仪器高和目标高(即棱镜中心到地面点的高)。

③按“OK”键完成测站设置。

4)设置后视点。选取“后视定向”→“后视”，输入后视点的平面坐标(X，Y)和高程 H，按“OK”键，屏幕上显示“设置方位角为××°××′××″”，此时照准后视点 A，按“是”键，完成后视点的设置。

5)坐标测量(盘左)。在盘左状态下将仪器的十字中心照准待测的 B 点棱镜中心，选取“测量”，然后按“观测”键进行坐标测量，坐标测量完毕按“记录”键进入“坐标记录”菜单，在该页面可以修改目标高(即棱镜高)和记录点名，按“OK”键保存测量坐标，完成坐标测量。

6)坐标测量(盘右)。在盘右状态下将仪器的十字中心照准待测的 B 点棱镜中心，并进行坐标测量及记录。

(五)注意事项

(1)操作前要熟悉全站仪的主要部件的名称及作用。

(2)全站仪要先安置，再按下机器按钮。

(3)测量时全站仪一定要照准棱镜中心。

(4)盘左、盘右坐标差≤5 mm。

■ 三、“全站仪坐标测量”实训记录

相关表格见表 5-13、表 5-14。

表 5-13 “全站仪坐标测量”实训仪器借用表

<table>
<tr><td>班级</td><td>×××班</td><td rowspan="8">借用仪器工具</td><td>名称</td><td>数量</td></tr>
<tr><td>小组</td><td>第×小组</td><td>全站仪</td><td>1套</td></tr>
<tr><td colspan="2">小组成员名单</td><td>棱镜</td><td>2个</td></tr>
<tr><td></td><td></td><td>记录板</td><td>1个</td></tr>
<tr><td></td><td></td><td>测伞</td><td>1把</td></tr>
<tr><td></td><td></td><td></td><td></td></tr>
<tr><td></td><td></td><td></td><td></td></tr>
<tr><td>借用地点</td><td>实训专用场</td><td></td><td></td></tr>
<tr><td>借用日期</td><td></td><td colspan="2">借用人</td><td>×××(组长)</td></tr>
<tr><td>交还日期</td><td></td><td colspan="2">指导老师</td><td></td></tr>
</table>

表 5-14 “全站仪坐标测量”实训情况表

班级：×××班　　　　　　天气：××

实训时间	实训名称	组长	×××
×年×月×日	全站仪坐标测量	副组长	×××

仪器借用情况	仪器(工具)名	数量	完好度	数量	完好度	归还时间
	全站仪	1 套				
	棱镜	2 个				
	记录板	1 个				
	测伞	1 把				

实习情况	成员名单	操作情况	初评成绩	核定成绩	备注

注意事项	
	1. 组长负责领用、清点、归还仪器及工具。 2. 小组成员必须服从老师和组长的安排。 3. 任何人损坏仪器及工具均应按律赔偿。 4. 严禁错误操作。 5. 借还用具时请走远离教室的楼梯和楼道，不准大声喧哗。 6. 在行走途中应注意保护仪器和工具。 7. 成绩按每次实训 10 分为满分评定，由组长初评成绩，由老师核定成绩。

■ 四、“全站仪坐标测量”记录手簿

相关表格见表 5-15。

表 5-15 “全站仪坐标测量”记录手簿

日期：　　　　　　班级：　　　　　　小组：　　　　　　姓名：

测站	坐标	测站点坐标	后视点	后视点坐标	待测点	待测点坐标	
						盘左	盘右
	X						
	Y						
	H						
	X						
	Y						
	H						
	X						
	Y						
	H						
	X						
	Y						
	H						
	X						
	Y						
	H						
	X						
	Y						
	H						
	X						
	Y						
	H						
	X						
	Y						
	H						

■ 五、“全站仪坐标测量”实训报告(参考)

相关表格见表5-16～表5-18。

表5-16 “全站仪坐标测量”实训报告(参考)

实训(验)日期：×年×月×日　　　　　　　　　　　　　　　　　　第×周×节

实训(验)任务：用全站仪测量坐标，验证轴线交点位置是否达到图纸设计要求。
实训(验)目标：学会安置全站仪和棱镜，使用全站仪进行坐标测量。
实训(验)内容： 1. 校核现场作为测站点和后视点的已知控制点。 2. 坐标测量实施： (1)安置仪器。 1)安置仪器：在测站点安置全站仪。安放三脚架，固定全站仪到三脚架上，高度适中。 2)强制对中：移动三脚架，使光学对点器的中心与测点重合。 3)粗略整平：调节三脚架，使圆水准器气泡居中。 4)精确整平：调节脚螺旋，使水准管气泡居中。 5)精确对中：移动基座，精确对中(只能前、后、左、右、移动，不能旋转)。 6)重复4)、5)两步，直到完全对中、整平。 (2)确定目标。分别在后视点和待测目标点上安置棱镜，棱镜安置步骤同全站仪。 (3)设置测站。 1)用钢尺量取地面点到仪器中心的高度。 2)按电源键开机，将全站仪调整到坐标测量模式。选取“测站定向”→“测站坐标”，输入测站点的平面坐标(X，Y)和高程H，仪器面板显示为N、E、Z；输入仪器高和目标高(即棱镜中心到地面点的高)。 3)按“OK”键完成测站设置。 (4)设置后视点。选取“后视定向”→“后视”，输入后视点的平面坐标(X，Y)和高程H，按“OK”键，屏幕上显示“设置方位角为××°××′××″”，此时照准后视点A，按“是”键，完成后视点的设置。 (5)坐标测量(盘左)。在盘左状态下将仪器的十字中心照准待测的B点棱镜中心，选取“测量”，然后按“观测”键进行坐标测量，坐标测量完毕按“记录”键进入“坐标记录”菜单，在该页面可以修改目标高(即棱镜高)和记录点名，按“OK”键保存测量坐标，完成坐标测量。 (6)坐标测量(盘右)。在盘右状态下将仪器的十字中心照准待测的B点棱镜中心，并进行坐标测量及记录。
实训(验)分析及体会： 1. 我在操作中发现…… 2. 我认为……更准确 3. …… 4. ……

表 5-17 "全站仪坐标测量"实训个人评分表

姓名：　　　　　　　　　　　　　　　同组成员：

项目	子项	分值	得分
专业能力	懂作业程序	20	
	能规范操作	20	
	数据符合精度要求	20	
个人能力	能有序收集信息	10	
	有记录和计算能力	10	
社会能力	团结协作能力	10	
	沟通能力	10	
合计		100	

表 5-18 "全站仪坐标测量"实训小组相互评分表

实训名称：全站仪坐标测量　　　　　　　　时间：

评价小组名称：　　　　　　　　　　　　　评价小组组长(签名)：

组名	专业能力(40 分)	协作能力(30 分)	完成精度(30 分)	合计

本案学习测试与准备：

[复习资料]

(1)测量坐标系纵轴为 X 轴，向 <u>(北)N</u> 为正，横轴为 <u>Y 轴</u>，向 <u>(东)E</u> 为正。

(2)如果要测量一个点平面坐标，至少需要 <u>2</u> 个控制点或者 <u>1</u> 个控制点和 <u>1</u> 个已知方向。

(3)用经纬仪与钢尺进行坐标测量时，需要进行 <u>水平角测量</u> 和 <u>水平距离测量</u> 两项基本测量工作。

实训4 全站仪放样测量

一、"全站仪放样测量"实训任务书

某市园林绿化工程有限公司项目部欲完成一个公园花圃的轴线定位工作，如图5-1所示。其已知控制点坐标和已知轴线交点坐标见表5-19。

工作任务：(1)测量小组拟定完整的测量方案；

(2)用全站仪坐标放样方法确定已知坐标轴线交点的位置桩；

(3)完成测量手簿的记录及成果的计算。

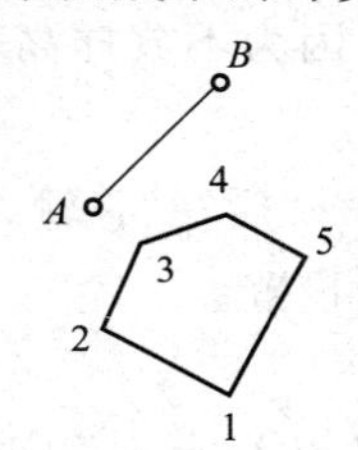

图5-1 公园花圃的轴线定位

表5-19 已知点的坐标数值

已知控制点坐标			已知轴线交点坐标		
点号	X	Y	点号	X	Y
A	177.195	18.966	1	158.323	31.464
B	188.606	39.368	2	164.907	19.405
			3	173.684	22.913
			4	176.537	31.245
			5	172.367	38.929

二、"全站仪放样测量"实训指导书

(一)实训基本目标

掌握全站仪放样测量的实施过程。

1．知识目标

认识全站仪的构造，知道全站仪放样测量的原理和步骤。

2．能力目标

学会用全站仪放样点的平面位置。

(二)实训计划与仪器、工具准备

(1)实训时数安排为2课时。

(2)每组实训准备：全站仪1套、棱镜2个、钢尺1把、木桩8根、铁锤1把、测伞1把，记录笔、记录表等。

(三)实训任务与测量小组分工

(1)实训任务：用全站仪在场地上定出已知坐标轴线交点的位置桩。

(2)测量小组分工：五人一组(一人观测、一人记录、一人安置棱镜、两人用棱镜和木桩放样)，轮流作业。

(四)实训参考方法与步骤

(1)安置仪器：在地面上选定一点 O，在 O 点安置全站仪。

(2)安置后视棱镜：在测站附近选一点 A，作为后视点。

(3)设置测站：开机，进入第二页主菜单，选取"程序"→"放样测量"→"测站定向"→"测站坐标"，输入测站点坐标(X，Y)(因为不放样高程，所以高程 H 可以不输，这对平面位置放样无影响)。

(4)设置后视点：选取"后视定向"→"后视"，输入后视点坐标(X，Y)，按"OK"键，照准后视点 A，按"是"键，完成后视点的设置。

(5)放样：

1)选取"放样测量"→"坐标"，输入放样点 B 的平面坐标(X，Y)，按"OK"键，屏幕上会显示"放样平距"和"放样角差"。

2)根据屏幕上"放样角差""←"或"→"的提示方向，松开全站仪制动螺旋，通过水平方向旋转全站仪，使"放样角差"数值变为"0°00′00″"(注意：在调整放样角差时，当"放样角差"值小于2′时，可以固定水平方向制动螺旋，通过水平微动螺旋将"放样角差"调整为"0°00′00″")。

3)仪器操作员指挥放样员拿棱镜左、右移动，使棱镜中心位于仪器竖丝上，将全站仪望远镜上、下转动(注意不能左、右转动)，照准棱镜，测量距离，根据仪器面板"放样平距""↑"或"↓"的提示，沿仪器的方向线前、后移动适当的距离，将木桩放在放样点 B 的大致位置上，再将棱镜放在木桩中心测量距离，判断 B 点是否在木桩范围内，如 B 点不在木桩范围内，继续调整木桩位置，直至 B 点位于木桩范围内，然后下桩。

4)仪器操作员通过全站仪望远镜指挥放样员用笔尖在木桩前侧左、右移动，直至笔尖与十字丝的竖丝重合，此时用笔尖在木桩上画一个标记；同理，在木桩后侧再找一个与仪器竖丝重合的标记点。用钢尺将这两个标记点以直线相连，B 点则位于该直线上。

5)选取木桩上的其中一个标记点，在该点上安置棱镜，用全站仪测量站点至该棱镜的距离，根据仪器上的提示前、后移动距离值，用钢尺沿木桩上的直线量取放样点 B 的位置，并做好标记。再将棱镜安置在确定好的 B 点，用全站仪检测放样位置是否正确。

(五)注意事项

(1)操作前必须掌握全站仪放样的原理和操作步骤。

(2)进行方向放样时，先从望远镜瞄准器内指挥放样员左、右移动，直至放样员接近仪器视线方向时再从望远镜内指挥放样员左、右移动。

(3)照准棱镜时一定要让十字丝的中心对准棱镜的中心。

(4)用笔尖找方向时，要保持笔尖竖直。

(5)最后检测时可以采用坐标测量方法进行检测，也可以根据距离和角度检测。

■ 三、“全站仪放样测量”实训记录

相关表格见表 5-20、表 5-21。

表 5-20　“全站仪放样测量”实训仪器借用表

班级	×××班	借用仪器工具	名称	数量
小组	第×小组		全站仪	1 套
小组成员名单			棱镜	2 个
			木桩	8 根
			记录板	1 个
			铁锤	1 把
			测伞	1 把
借用地点	实训专用场			
借用日期		借用人	×××(组长)	
交还日期		指导老师		

表 5-21 “全站仪放样测量”实训情况表

班级：×××班　　　　　　　　天气：××

实训时间	实训名称	组长	×××
×年×月×日	**全站仪放样测量**	副组长	×××

仪器借用情况	仪器(工具)名	数量	完好度	数量	完好度	归还时间
	全站仪	**1 套**				
	棱镜	**2 个**				
	木桩	**8 根**				
	记录板	**1 个**				
	铁锤	**1 把**				
	测伞	**1 把**				

实习情况	成员名单	操作情况	初评成绩	核定成绩	备注

注意事项	
	1. 组长负责领用、清点、归还仪器及工具。 2. 小组成员必须服从老师和组长的安排。 3. 任何人损坏仪器及工具均应按律赔偿。 4. 严禁错误操作。 5. 借还用具时请走远离教室的楼梯和楼道，不准大声喧哗。 6. 在行走途中应注意保护仪器和工具。 7. 成绩按每次实训 10 分为满分评定，由组长初评成绩，由老师核定成绩。

■ 四、“全站仪放样测量”记录手簿

相关表格见表 5-22。

表 5-22 “全站仪放样测量”记录手簿

日期：　　　　　　班级：　　　　　　小组：　　　　　　姓名：

测站	坐标	测站点坐标	后视点	后视点坐标	放样点坐标	放样点检测坐标	放样点坐标差值
	X						
	Y						
	X						
	Y						
	X						
	Y						
	X						
	Y						
	X						
	Y						
	X						
	Y						
	X						
	Y						
	X						
	Y						
	X						
	Y						
	X						
	Y						
	X						
	Y						
	X						
	Y						

■ 五、“全站仪放样测量”实训报告(参考)

相关表格见表5-23～表5-25。

表5-23 “全站仪放样测量”实训报告(参考)

实训(验)日期：×年×月×日　　　　　　　　　　　　　　　　　　第×周×节

实训(验)任务：**用全站仪在场地上定出已知坐标轴线交点的位置桩。**
实训(验)目标：**学会用全站仪放样点的平面位置。**
实训(验)内容： **1. 安置仪器：在地面上选定一点O，在O点安置全站仪。** **2. 安置后视棱镜：在测站附近选一点A，作为后视点。** **3. 设置测站：开机，进入第二页主菜单，选取“程序”→“放样测量”→“测站定向”→“测站坐标”，输入测站点坐标(X，Y)(因为不放样高程，所以高程H可以不输，这对平面位置放样无影响)。** **4. 设置后视点：选取“后视定向”→“后视”，输入后视点坐标(X，Y)，按“OK”键，照准后视点A，按“是”，完成后视点的设置。** **5. 放样。**
实训(验)分析及体会： 1. 我在操作中发现…… 2. 我认为……更准确 3. …… 4. ……

表 5-24 “全站仪放样测量”实训个人评分表

姓名：　　　　　　　　　　　　　　　　同组成员：

项目	子项	分值	得分
专业能力	懂作业程序	20	
	能规范操作	20	
	数据符合精度要求	20	
个人能力	能有序收集信息	10	
	有记录和计算能力	10	
社会能力	团结协作能力	10	
	沟通能力	10	
合计		100	

表 5-25 “全站仪放样测量”实训小组相互评分表

实训名称：全站仪放样测量　　　　　　　　时间：

评价小组名称：　　　　　　　　　　　　　评价小组组长(签名)：

组名	专业能力(40 分)	协作能力(30 分)	完成精度(30 分)	合计

本案学习测试与准备：

［复习资料］

(1)用经纬仪进行极坐标放样时需要<u>经纬仪</u>、<u>钢尺</u>、<u>测钎</u>、<u>计算器</u>等工具。

(2)用全站仪进行坐标测量时的步骤包括<u>安置仪器</u>、<u>设置测站点</u>、<u>设置后视点</u>、<u>坐标测量</u>。

(3)用全站仪进行坐标测量所需的主要工具有<u>全站仪</u>、<u>棱镜</u>。

(4)用全站仪进行坐标测量时至少需要<u>2</u>个控制点或者<u>1</u>个控制点和<u>1</u>个已知方向。

6 建筑施工测量实训

实训1 高程引测

■ 一、“高程引测”实训任务书

某园林绿化工程有限公司承接一公园改造项目。项目部欲完成在施工现场引测水准点的工作。闭合差 $f_{h容}=\pm 5\sqrt{n}$ mm。根据现有水准点A(高程为11.030 m)，定出1、2、3等定点的高程。A、1、2、3组成的四边形中间有园中小湖、小桥、花圃等，无法直接通行。

工作任务：(1)测量小组拟定完整的测量方案；

(2)完成测量手簿的记录及成果的计算；

(3)确定等定点高程。

■ 二、“高程引测”实训指导书

(一)实训基本目标

熟悉自动安平水准仪的基本构造，使用自动安平水准仪进行闭合水准路线的观测，正确完成外业和内业。

1. 知识目标

知道仪器使用的要求，会观测与记录的方法。

2. 能力目标

知道测量实训的具体要求，懂得实训过程中具体问题的处理方法。

(二)实训计划与仪器、工具准备

(1)实训时数安排为4课时。

(2)每组实训准备：自动安平水准仪1台、5 m塔式水准尺2根、尺垫1只，自备铅笔、计算器和记录计算表、记录夹等。

(三)实训任务与测量小组分工

(1)实训任务：根据指定的水准点A的高程值，用测站校核方法进行闭合水准路线观

测，完成指定1、2、3点待定点高程的观测任务。闭合差 $f_{h容}=\pm 5\sqrt{n}$ mm。

(2)测量小组分工：四人一组(扶尺两人、一名记录员、一名操作员)，按测量岗位分工协作实训。

(四)实训参考方法与步骤

(1)各组根据给定的闭合水准路线待定点3个和已知水准点，熟悉各点所在位置。全组共同拟定施测闭合水准路线的方案，其长度以安置8个测站为宜。确定起始点及水准路线的前进方向。

(2)在每一站上，注意用目估或步量使仪器前、后视距离大致相等，观测者首先应整平仪器，然后照准后视尺，对光、调焦、消除视差。立尺者在前、后视点上竖立水准尺(注意已知水准点和待测水准点上均不可放尺垫)，观测者分别按双仪高法操作程序施测，观测员的每次读数，记录员都应回报检核后记入表格中，应立即进行相关计算。

(3)依次设站，用相同的方法施测，直到回到起始水准点。

(4)观测结束后，按内业计算方法算出高差闭合差 $f_h=\sum h_i$ 。如果 f_h 小于 $f_{h容}$，说明观测成果合格，即可算出各待定水准点高程。否则，要进行重测。

(五)注意事项

(1)水准测量工作要求全组人员紧密配合，互谅互让，禁止闹意见。

(2)读数一律取四位数，记录员也应记满四个数字，“0”不可省略。

(3)水准测量记录要特别细心，当记录者听到观测者所报读数后，要回报观测者，经默许后方可记入记录表中。观测者应注意复核记录者的复诵数字。

(4)扶尺者要将尺扶直，与观测人员配合好，选择好立尺点。

(5)水准测量记录中严禁涂改、转抄，不准用钢笔、圆珠笔记录，字迹要工整、整齐、清洁。

(6)每站水准仪置于前、后尺距离基本相等处，以消除或减少视准轴不平行于水准管轴的误差及其他误差的影响。

(7)在转点上立尺，读完上一站前视读数后，在下一站的测量工作未完成之前绝对不能碰动尺垫或弄错转点位置。

三、水准测量成果记录及计算表

相关表格见表6-1。

表6-1 水准测量成果记录、计算表(双仪高法)

<table>
<tr><th rowspan="2">测站</th><th rowspan="2">点号</th><th colspan="2">水准尺读数</th><th rowspan="2">高差
h/m</th><th rowspan="2">平均高差
/m</th><th rowspan="2">改正后高差
/m</th><th rowspan="2">高程
H/m</th><th rowspan="2">备注</th></tr>
<tr><th>后视</th><th>前视</th></tr>
<tr><td rowspan="4">1</td><td>BM_A</td><td>1 236</td><td></td><td rowspan="2">−0.142</td><td rowspan="4">−0.141</td><td rowspan="4"></td><td>20.000</td><td rowspan="2"></td></tr>
<tr><td>TP_1</td><td></td><td>1 378</td><td></td></tr>
<tr><td>BM_A</td><td>1 119</td><td></td><td rowspan="2">−0.140</td><td></td><td rowspan="2"></td></tr>
<tr><td>TP_1</td><td></td><td>1 259</td><td></td></tr>
</table>

续表

测站	点号	水准尺读数		高差 h/m	平均高差 /m	改正后高差 /m	高程 H/m	备注
		后视	前视					
计算校核	$\sum a=$ $\sum b=$ $\sum h=$ $\frac{1}{2}\sum h=$ $\sum a-\sum b=$ $\frac{1}{2}(\sum a-\sum b)=$							
成果校核	$f_h=$ $f_{h容}=\pm 5\sqrt{n}$ mm $=$							

■ 四、“高程引测”实训记录

相关表格见表 6-2、表 6-3。

表 6-2 “高程引测”实训仪器借用表

班级	×××班	借用仪器工具	名称	数量
小组	第×小组		自动安平水准仪	1 台
小组成员名单			5 m 塔式水准尺	2 根
			尺垫	1 只
借用地点	实训专用场			
借用日期		借用人		×××(组长)
交还日期		指导老师		

表 6-3 “高程引测”实训情况表

班级：×××班　　　　　　　　天气：××

<table>
<tr><td colspan="2">实训时间</td><td colspan="4">实训名称</td><td>组长</td><td>×××</td></tr>
<tr><td colspan="2">×年×月×日</td><td colspan="4">**高程引测**</td><td>副组长</td><td>×××</td></tr>
<tr><td rowspan="13">仪器
借用情况</td><td>仪器(工具)名</td><td>数量</td><td>完好度</td><td>数量</td><td>完好度</td><td colspan="2">归还时间</td></tr>
<tr><td>**自动安平水准仪**</td><td>**1 台**</td><td></td><td></td><td></td><td colspan="2"></td></tr>
<tr><td>**5 m 塔式水准尺**</td><td>**2 根**</td><td></td><td></td><td></td><td colspan="2"></td></tr>
<tr><td>**尺垫**</td><td>**1 只**</td><td></td><td></td><td></td><td colspan="2"></td></tr>
<tr><td></td><td></td><td></td><td></td><td></td><td colspan="2"></td></tr>
<tr><td></td><td></td><td></td><td></td><td></td><td colspan="2"></td></tr>
<tr><td></td><td></td><td></td><td></td><td></td><td colspan="2"></td></tr>
<tr><td></td><td></td><td></td><td></td><td></td><td colspan="2"></td></tr>
<tr><td></td><td></td><td></td><td></td><td></td><td colspan="2"></td></tr>
<tr><td></td><td></td><td></td><td></td><td></td><td colspan="2"></td></tr>
<tr><td></td><td></td><td></td><td></td><td></td><td colspan="2"></td></tr>
<tr><td></td><td></td><td></td><td></td><td></td><td colspan="2"></td></tr>
<tr><td></td><td></td><td></td><td></td><td></td><td colspan="2"></td></tr>
<tr><td rowspan="13">实习情况</td><td>成员名单</td><td colspan="2">操作情况</td><td>初评成绩</td><td>核定成绩</td><td colspan="2">备注</td></tr>
<tr><td></td><td colspan="2"></td><td></td><td></td><td colspan="2"></td></tr>
<tr><td></td><td colspan="2"></td><td></td><td></td><td colspan="2"></td></tr>
<tr><td></td><td colspan="2"></td><td></td><td></td><td colspan="2"></td></tr>
<tr><td></td><td colspan="2"></td><td></td><td></td><td colspan="2"></td></tr>
<tr><td></td><td colspan="2"></td><td></td><td></td><td colspan="2"></td></tr>
<tr><td></td><td colspan="2"></td><td></td><td></td><td colspan="2"></td></tr>
<tr><td></td><td colspan="2"></td><td></td><td></td><td colspan="2"></td></tr>
<tr><td></td><td colspan="2"></td><td></td><td></td><td colspan="2"></td></tr>
<tr><td></td><td colspan="2"></td><td></td><td></td><td colspan="2"></td></tr>
<tr><td></td><td colspan="2"></td><td></td><td></td><td colspan="2"></td></tr>
<tr><td></td><td colspan="2"></td><td></td><td></td><td colspan="2"></td></tr>
<tr><td></td><td colspan="2"></td><td></td><td></td><td colspan="2"></td></tr>
<tr><td>注意事项</td><td colspan="7">1. 组长负责领用、清点、归还仪器及工具。
2. 小组成员必须服从老师和组长的安排。
3. 任何人损坏仪器及工具均应按律赔偿。
4. 严禁错误操作。
5. 借还用具时请走远离教室的楼梯和楼道，不准大声喧哗。
6. 在行走途中应注意保护仪器和工具。
7. 成绩按每次实训 10 分为满分评定，由组长初评成绩，由老师核定成绩。</td></tr>
</table>

■ 五、“高程引测”实训报告(参考)

相关表格见表6-4～表6-6。

表6-4 “高程引测”实训报告(参考)

实训(验)日期：×年×月×日　　第×周×节

实训(验)任务：**根据现有水准点A(高程为11.030 m)，定出1、2、3等定点的高程。**
实训(验)目标：**学会使用水自动安平水准仪完成高程引测。**
实训(验)内容： **1. 按地形条件确定测量方案，进行小组成员分工协作程序。** **2. 按施测方案绘出施测路线草图。** **3. 按施工要求进行测站施测，记录相应数据。校核测站数据，完成测站任务转站。** **4. 继续测站施测，记录相应数据。校核测站数据，完成所有测站直到起点。** **5. 计算闭合差，判断外业是否有效。如果有效则进行下一步。** **6. 内业计算，调整闭合差，确定待定点的高程。**
实训(验)分析及体会： 1. 我在操作中发现…… 2. 我认为……更准确 3. …… 4. ……

表 6-5 “高程引测”实训个人评分表

姓名：　　　　　　　　　　　　　　同组成员：

项目	子项	分值	得分
专业能力	懂作业程序	20	
	能规范操作	20	
	数据符合精度要求	20	
个人能力	能有序收集信息	10	
	有记录和计算能力	10	
社会能力	团结协作能力	10	
	沟通能力	10	
合计		100	

表 6-6 “高程引测”实训小组相互评分表

实训名称：高程引测　　　　　　　　时间：

评价小组名称：　　　　　　　　　　评价小组组长(签名)：

组名	专业能力(40 分)	协作能力(30 分)	完成精度(30 分)	合计

本案学习与准备：

[复习资料]

1. 用双仪高法进行水准测量的步骤

(1)在距两立尺点等距处安置水准仪后视水准尺，读数为 a'。

(2)前视水准尺，读数为 b'。

(3)改变仪器高度约±10 cm，重新安置仪器，前视水准尺，读数为 b''。

(4)后视水准尺，读数为 a''。检核：$h'=a'-b'$，$h''=a''-b''$。

如果 $h'-h''=\Delta h\leqslant\pm5$ mm(等外水准容许值)，可取平均值作为测站高差，即 $h=(h'+$

$h'')/2$，h 值取至毫米。

2. 用双面尺法观测的程序

(1)后视黑面，精平，读取下、上、中丝的读数，记入表 6-7 中的(1)(2)(3)。

(2)前视黑面，精平，读取下、上、中丝的读数，记入表 6-7 中的(5)(6)(7)。

(3)前视红面，精平，读取中丝的读数，记入表 6-7 中的(8)。

(4)后视红面，精平，读取中丝的读数，记入表 6-7 中的(4)。

3. 四等水准测量外业观测记录表

相关表格见表 6-7。

表 6-7　四等水准测量外业观测记录表

<table>
<tr><td rowspan="4">测站编号</td><td rowspan="4">点号</td><td rowspan="2">后尺</td><td>上丝</td><td rowspan="2">前尺</td><td>上丝</td><td rowspan="4">方向及尺号</td><td colspan="2" rowspan="2">标尺读数</td><td rowspan="4">K＋黑－红/mm</td><td rowspan="4">高差中数/m</td><td rowspan="4">备注</td></tr>
<tr><td>下丝</td><td>下丝</td></tr>
<tr><td colspan="2">后视距离</td><td colspan="2">前视距离</td><td rowspan="2">黑面</td><td rowspan="2">红面</td></tr>
<tr><td colspan="2">视距差/m</td><td colspan="2">累积差/m</td></tr>
<tr><td rowspan="4"></td><td rowspan="4"></td><td colspan="2">(1)</td><td colspan="2">(5)</td><td>后视</td><td>(3)</td><td>(4)</td><td>(13)</td><td rowspan="3">(18)</td><td rowspan="20">1＃标尺的常数 K＝

2＃标尺的常数 K＝</td></tr>
<tr><td colspan="2">(2)</td><td colspan="2">(6)</td><td>前视</td><td>(7)</td><td>(8)</td><td>(14)</td></tr>
<tr><td colspan="2">(9)</td><td colspan="2">(10)</td><td>后－前</td><td>(15)</td><td>(16)</td><td>(17)</td></tr>
<tr><td colspan="2">(11)</td><td colspan="2">(12)</td><td colspan="5"></td></tr>
<tr><td rowspan="4"></td><td rowspan="4"></td><td colspan="2"></td><td colspan="2"></td><td>后视</td><td></td><td></td><td></td><td rowspan="3"></td></tr>
<tr><td colspan="2"></td><td colspan="2"></td><td>前视</td><td></td><td></td><td></td></tr>
<tr><td colspan="2"></td><td colspan="2"></td><td>后－前</td><td></td><td></td><td></td></tr>
<tr><td colspan="2"></td><td colspan="2"></td><td colspan="5"></td></tr>
<tr><td rowspan="4"></td><td rowspan="4"></td><td colspan="2"></td><td colspan="2"></td><td>后视</td><td></td><td></td><td></td><td rowspan="3"></td></tr>
<tr><td colspan="2"></td><td colspan="2"></td><td>前视</td><td></td><td></td><td></td></tr>
<tr><td colspan="2"></td><td colspan="2"></td><td>后－前</td><td></td><td></td><td></td></tr>
<tr><td colspan="2"></td><td colspan="2"></td><td colspan="5"></td></tr>
<tr><td rowspan="4"></td><td rowspan="4"></td><td colspan="2"></td><td colspan="2"></td><td>后视</td><td></td><td></td><td></td><td rowspan="3"></td></tr>
<tr><td colspan="2"></td><td colspan="2"></td><td>前视</td><td></td><td></td><td></td></tr>
<tr><td colspan="2"></td><td colspan="2"></td><td>后－前</td><td></td><td></td><td></td></tr>
<tr><td colspan="2"></td><td colspan="2"></td><td colspan="5"></td></tr>
<tr><td rowspan="4"></td><td rowspan="4"></td><td colspan="2"></td><td colspan="2"></td><td>后视</td><td></td><td></td><td></td><td rowspan="3"></td></tr>
<tr><td colspan="2"></td><td colspan="2"></td><td>前视</td><td></td><td></td><td></td></tr>
<tr><td colspan="2"></td><td colspan="2"></td><td>后－前</td><td></td><td></td><td></td></tr>
<tr><td colspan="2"></td><td colspan="2"></td><td colspan="5"></td></tr>
<tr><td>计算校核</td><td colspan="11"></td></tr>
<tr><td colspan="12">注：各测站高差中数取位至 1 mm。</td></tr>
</table>

实训 2　高程测设

一、"高程测设"实训任务书

现场区内有一已知水准点 $A(H_A=45.324\ \mathrm{m})$，现要求在已打设好的控制桩上测设出 B 点高程 45.526 m 的±0.000 m 的统一标高线。

工作任务：(1)测量小组拟定完整的测量方案；

(2)完成测量手簿记录及成果计算；

(3)校核待定点高程。

二、"高程测设"实训指导书

(一)实训基本目标

能根据已知点高程用水准仪测设待定点高程。

1. 知识目标

知道高程测设的方法，会选择高程测设的方法。

2. 能力目标

学会测设待定点高程。

(二)实训计划与仪器、工具准备

(1)实训时数安排为 2 课时。

(2)每组实训准备：DS3 水准仪 1 台、5 m 塔尺 2 把，自备铅笔、计算器和记录计算表。

(三)实训任务与测量小组分工

(1)实训任务：测设待定点高程。

(2)测量小组分工：四人一组(扶尺两人、一名记录员、一名操作员)，按测量岗位分工轮流协作训练。

(四)实训参考方法与步骤

(1)在与水准点 A 和待测设高程点 B 距离基本相等的地方安置水准仪，粗略调平。照准 A 点水准尺，精平后读取水准尺的读数为 a。

(2)计算仪器视线高程 $H_i=45.324+a$。

(3)计算点 B 的放样数据：$b=H_i-H_B=45.324-45.526+a$。

(4)将水准尺紧贴在待测设高程的桩侧面，前视该标尺，精平水准仪，上、下缓慢移动水准尺，当前视读数为 b 时，用铅笔沿水准尺底部在桩上画一条线，该线条的高程即测设高程 $H_B=46.526\ \mathrm{m}$ 的位置。

(5)用单面尺法进行高差校核。

(五)注意事项

(1)安置仪器后先检验其圆水准器轴是否合乎要求。

(2)前视尺在移动时一定要保持竖直。

(3)测出已定点和标定点之间的高差，要求与设计高差相差≤±5 mm。

■ 三、“高程测设”“高差测设”手簿

相关表格见表 6-8、表 6-9。

表 6-8 “高程测设”手簿

仪器编号：　　　　　　　　　　　　　　日期：

点		后视读数	仪器视线高	设计高程	前视应读数	备注
点名	高程					

表 6-9 “高差测设”手簿

仪器编号：　　　　　　　　　　　　　　日期：

测点	后视读数	前视读数	高差	备注

■ 四、“高程测设”实训记录

相关表格见表 6-10、表 6-11。

表 6-10 “高程测设”实训仪器借用表

<table>
<tr><td>班级</td><td>×××班</td><td rowspan="9">借用仪器工具</td><td>名称</td><td>数量</td></tr>
<tr><td>小组</td><td>第×小组</td><td>DS3 水准仪</td><td>1 台</td></tr>
<tr><td colspan="2">小组成员名单</td><td>5 m 塔尺</td><td>2 把</td></tr>
<tr><td></td><td></td><td></td><td></td></tr>
<tr><td></td><td></td><td></td><td></td></tr>
<tr><td></td><td></td><td></td><td></td></tr>
<tr><td></td><td></td><td></td><td></td></tr>
<tr><td></td><td></td><td></td><td></td></tr>
<tr><td>借用地点</td><td>实训专用场</td><td></td><td></td></tr>
<tr><td>借用日期</td><td></td><td colspan="2">借用人</td><td>×××(组长)</td></tr>
<tr><td>交还日期</td><td></td><td colspan="2">指导老师</td><td></td></tr>
</table>

表 6-11 “高程测量”实训情况表

班级：×××班　　　　天气：××

<table>
<tr><td colspan="2">实训时间</td><td colspan="5">实训名称</td><td>组长</td><td>×××</td></tr>
<tr><td colspan="2">×年×月×日</td><td colspan="5">高程测设</td><td>副组长</td><td>×××</td></tr>
<tr><td rowspan="7">仪器
借用情况</td><td colspan="2">仪器(工具)名</td><td>数量</td><td>完好度</td><td>数量</td><td>完好度</td><td colspan="2">归还时间</td></tr>
<tr><td colspan="2">DS3 水准仪</td><td>1 台</td><td></td><td></td><td></td><td colspan="2"></td></tr>
<tr><td colspan="2">5 m 塔尺</td><td>2 把</td><td></td><td></td><td></td><td colspan="2"></td></tr>
<tr><td colspan="2"></td><td></td><td></td><td></td><td></td><td colspan="2"></td></tr>
<tr><td colspan="2"></td><td></td><td></td><td></td><td></td><td colspan="2"></td></tr>
<tr><td colspan="2"></td><td></td><td></td><td></td><td></td><td colspan="2"></td></tr>
<tr><td colspan="2"></td><td></td><td></td><td></td><td></td><td colspan="2"></td></tr>
<tr><td rowspan="5">实习情况</td><td>成员名单</td><td colspan="3">操作情况</td><td>初评成绩</td><td>核定成绩</td><td colspan="2">备注</td></tr>
<tr><td></td><td colspan="3"></td><td></td><td></td><td colspan="2"></td></tr>
<tr><td></td><td colspan="3"></td><td></td><td></td><td colspan="2"></td></tr>
<tr><td></td><td colspan="3"></td><td></td><td></td><td colspan="2"></td></tr>
<tr><td></td><td colspan="3"></td><td></td><td></td><td colspan="2"></td></tr>
<tr><td>注意事项</td><td colspan="8">1. 组长负责领用、清点、归还仪器及工具。
2. 小组成员必须服从老师和组长的安排。
3. 任何人损坏仪器及工具均应按律赔偿。
4. 严禁错误操作。
5. 借还用具时请走远离教室的楼梯和楼道，不准大声喧哗。
6. 在行走途中应注意保护仪器和工具。
7. 成绩按每次实训 10 分为满分评定，由组长初评成绩，由老师核定成绩。</td></tr>
</table>

■ 五、“高程测设”实训报告(参考)

相关表格见表 6-12～表 6-14。

表 6-12 “高程测设”实训报告(参考)

实训(验)日期：×年×月×日　　　　　　　　　　　　　　　　　　第×周×节

实训(验)任务：**能较熟练使用水准仪，准确测定高程。**

实训(验)目标：**学会高程测设程序。**

实训(验)内容：

1. 水准仪安置调平好，并后视 A 点，尺读数为 a，则仪器视线高为：$H_{仪}=H_A+a$。

2. 转动水准仪望远镜，前视 B 点，竖直移动 B 点水准尺。

3. 当 B 点尺上读数为 $b_{应}=H_{仪}-H_B$ 时，尺底即待定点 B 的位置(±0.000)。

4. 变化仪高大于 10 cm，重复步骤 1、2、3，再次找到 B 的位置(±0.000)，如重合，证明正确，如偏差大于 5 mm，则重测。

“高程测设”手簿

仪器编号：　　　　　　　　　　　　日期：

点名	高程	后视读数	仪器视线高	设计高程	前视读数(应该)	备注
A	45.324	1.456	46.780			$H_A=45.324$ m
B	45.526			45.526	1.254	$H_B=45.526$ m
A	45.324	1.353	46.677			$H_A=45.324$ m
B	45.526			45.526	1.151	$H_B=45.526$ m

“高差测设”手簿(示范)

仪器编号：　　　　　　　　　　　　日期：

测点	后视读数	前视读数	高差	备注
A	1.456		0.202	$H_A=45.324$ m
B		1.254		
A	1.353		0.202	
B		1.151		

实训(验)分析及体会：

1. 我在操作发现……

2. 我认为……更准确

3. ……

4. ……

表 6-13 "高程测设"实训个人评分表

姓名：　　　　　　　　　　　　　同组成员：

项目	子项	分值	得分
专业能力	懂作业程序	20	
	能规范操作	20	
	数据符合精度要求	20	
个人能力	能有序收集信息	10	
	有记录和计算能力	10	
社会能力	团结协作能力	10	
	沟通能力	10	
合计		100	

表 6-14 "高程测设"实训小组相互评分表

实训名称：**高程测设**　　　　　　　时间：

评价小组名称：　　　　　　　　　　评价小组组长(签名)：

组名	专业能力(40 分)	协作能力(30 分)	完成精度(30 分)	合计

本案学习测试与准备：

[复习资料]

(1)水准测量时，由于尺竖立不直，该读数值比正确读数 **偏大** 。

(2)水准测量的转点，若找不到坚实稳定且凸起的地方，必须 **用尺垫踩实** 后立尺。

(3)为了消除 i 角误差，每站前视、后视距离应 **大致相等** ，每测段水准路线的前视距离和后视距离之和应 **大致相等** 。

(4)水准测量中丝读数时，不论是正像还是倒像，均应由 **小** 向大读，并估读到 **mm 数** 。

(5)测量时，记录员应将观测员的读的数值再 **复诵** 一遍，无异议时，才可记录在表中。若记录有误，不能用橡皮擦拭，应划掉重记。

实训3　水平角测设

一、“水平角测设”实训任务书

某工程施工现场要确定经过 OA、OB 的两条相互垂直的定位轴线，且要定出 $OB=10$ m 的 B 点位置。如图 6-1 所示，已知平面控制点 O 和 A，请用测回法测设出 B 点的位置，$\angle AOB$ 放样精度 $\leqslant \pm 20''$。

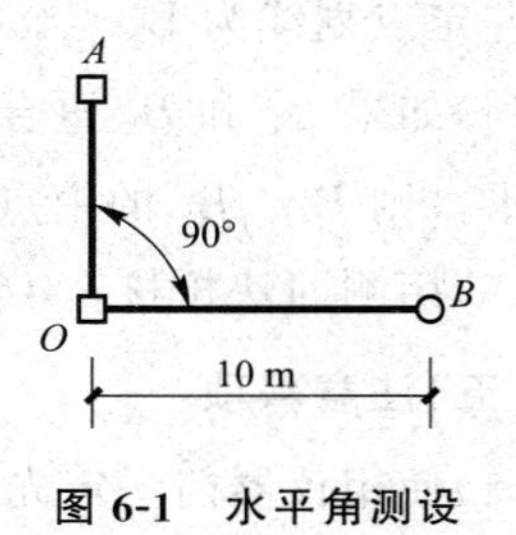

图 6-1　水平角测设

工作任务：(1)测量小组拟定完整的测量方案；

(2)测量小组分工协作完成 B 点的定位桩测设；

(3)校核确定 B 点的位置，保证精度。

二、“水平角测设”实训指导书

(一)实训基本目标

能根据已有的控制点，测设规定角值的水平角终边方向。

1. 知识目标

知道水平角测设的方法，会选择水平角测设的方法。

2. 能力目标

会测设水平角。

(二)实训计划与仪器、工具准备

(1)实训时数安排为 2 课时。

(2)每组实训准备：DJ6 型经纬仪 1 台、木桩 3 根、钢尺 1 把、锤子 1 把，自备铅笔、计算器和记录计算表。

(三)实训任务与测量小组分工

(1)实训任务：确定经过 OA、OB 的两条相互垂直的定位轴线，且要定出 $OB=10$ m 的 B 点的位置。

(2)测量小组成员分工：四人一组(定向一人、钉桩员一人、一名记录员、一名仪器操作员)，按测量岗位分工轮流协作训练。

(四)实训参考方法与步骤

(1)安置经纬仪于测站点上进行对中(垂球对中误差小于 3 mm)和整平(水准管气泡偏离中心小于 1 格)。

(2)盘左：瞄准目标点 A，读取水平度盘的读数 a_1 并记入手簿；松开水平制动螺旋，顺时针旋转照准部，使水平度盘的读数在 $90°+a_1$ 附近，拧紧照准部制动螺旋，转动微动螺旋使水平度盘的读数精确为 $90°+a_1$，定出 B 点方向。沿 OB 方向精确量出 $OB_1=10$ m，定标志并定点划线为 B_1 点。

(3)盘右：瞄准目标点 A，读取水平度盘的读数 a_2 并记入手簿；松开水平制动螺旋，顺时针旋转照准部，使水平度盘的读数在 $90°+a_1$ 附近，拧紧照准部制动螺旋，转动微动螺旋使水平度盘的读数精确为 $90°+a_2$，定出 B 点方向。沿 OB 方向精确量出 $OB_2=10$ m，定标志并定点划线为 B_2 点。

(4)如果 B_1 和 B_2 重合，则 B_1、B_2 就是 B 点；如果 B_1 和 B_2 不重合，且偏差不超过精度要求，则 B_1、B_2 的中点就是 B 点钉桩；偏差超过精度则重新测设。

(5)用测回法校核 $\angle AOB$ 是否为 $90°$。

(五)注意事项

(1)使用仪器前一定先检校。

(2)第一次读数前建议置盘。

(3)定方向时，尽可能在大于并接近 10 m 处定桩，使桩中心处与 O 点距离为 10 m。

■ 三、“水平角测设”“水平角校核”记录表

相关表格见表 6-15、表 6-16。

表 6-15 “水平角测设”记录表

测站	盘位	目标	水平度盘读数/(° ′ ″)
O	左	A	a_1
		B 方向应该读数	$90°+a_1$
	右	A	a_2
		B 方向应该读数	$90°+a_2$

表 6-16 “水平角校核”记录表

仪器编号：　　　　　　　　　　　　　　　　日期：

测站	竖盘位置	目标	水平度盘读数/(° ′ ″)	半测回角/(° ′ ″)	一测回角/(° ′ ″)	备注

■ 四、“水平角测设”实训记录

相关表格见表 6-17、表 6-18。

表 6-17 “水平角测设”实训仪器借用表

<table>
<tr><td>班级</td><td>×××班</td><td rowspan="8">借用仪器工具</td><td>名称</td><td>数量</td></tr>
<tr><td>小组</td><td>第×小组</td><td>DJ6 经纬仪</td><td>1 台</td></tr>
<tr><td colspan="2">小组成员名单</td><td>钢尺</td><td>1 把</td></tr>
<tr><td></td><td></td><td>木桩</td><td>3 根</td></tr>
<tr><td></td><td></td><td>锤子</td><td>1 把</td></tr>
<tr><td></td><td></td><td></td><td></td></tr>
<tr><td></td><td></td><td></td><td></td></tr>
<tr><td>借用地点</td><td>实训专用场</td><td></td><td></td></tr>
<tr><td>借用日期</td><td></td><td colspan="2">借用人</td><td>×××(组长)</td></tr>
<tr><td>交还日期</td><td></td><td colspan="2">指导老师</td><td></td></tr>
</table>

表 6-18 “水平角测设”实训情况表

班级：×××班　　　　　　　　天气：××

<table>
<tr><td colspan="2">实训时间</td><td colspan="4">实训名称</td><td>组长</td><td>×××</td></tr>
<tr><td colspan="2">×年×月×日</td><td colspan="4">水平角测设</td><td>副组长</td><td>×××</td></tr>
<tr><td rowspan="7">仪器借用情况</td><td colspan="2">仪器(工具)名</td><td>数量</td><td>完好度</td><td>数量</td><td>完好度</td><td colspan="2">归还时间</td></tr>
<tr><td colspan="2">DJ6 经纬仪</td><td>1 台</td><td></td><td></td><td></td><td colspan="2"></td></tr>
<tr><td colspan="2">钢尺</td><td>1 把</td><td></td><td></td><td></td><td colspan="2"></td></tr>
<tr><td colspan="2">木桩</td><td>3 根</td><td></td><td></td><td></td><td colspan="2"></td></tr>
<tr><td colspan="2">锤子</td><td>1 把</td><td></td><td></td><td></td><td colspan="2"></td></tr>
<tr><td colspan="2"></td><td></td><td></td><td></td><td></td><td colspan="2"></td></tr>
<tr><td colspan="2"></td><td></td><td></td><td></td><td></td><td colspan="2"></td></tr>
<tr><td rowspan="6">实习情况</td><td>成员名单</td><td colspan="3">操作情况</td><td>初评成绩</td><td>核定成绩</td><td colspan="2">备注</td></tr>
<tr><td></td><td colspan="3"></td><td></td><td></td><td colspan="2"></td></tr>
<tr><td></td><td colspan="3"></td><td></td><td></td><td colspan="2"></td></tr>
<tr><td></td><td colspan="3"></td><td></td><td></td><td colspan="2"></td></tr>
<tr><td></td><td colspan="3"></td><td></td><td></td><td colspan="2"></td></tr>
<tr><td></td><td colspan="3"></td><td></td><td></td><td colspan="2"></td></tr>
<tr><td>注意事项</td><td colspan="8">1. 组长负责领用、清点、归还仪器及工具。
2. 小组成员必须服从老师和组长的安排。
3. 任何人损坏仪器及工具均应按律赔偿。
4. 严禁错误操作。
5. 借还用具时请走远离教室的楼梯和楼道，不准大声喧哗。
6. 在行走途中应注意保护仪器和工具。
7. 成绩按每次实训 10 分为满分评定，由组长初评成绩，由老师核定成绩。</td></tr>
</table>

■ 五、“水平角测设”实训报告(参考)

相关表格见表 6-19～表 6-21。

表 6-19 “水平角测设”实训报告(参考)

实训(验)日期：×年×月×日　　第×周×节

实训(验)任务：确定经过 *OA*、*OB* 两条相互垂直的定位轴线，且要定出 *OB*=10 m 的 *B* 点的位置。
实训(验)目标：学会测设水平角。
实训(验)内容： 1. 安置经纬仪于测站点上进行对中(垂球对中误差小于 3 mm)和整平(水准管气泡偏离中心小于 1 格)。 2. 盘左：瞄准目标点 *A*，读取水平度盘的读数 a_1 并记入手簿；松开水平制动螺旋，顺时针旋转照准部，使水平度盘的读数在 $90°+a_1$ 附近，拧紧照准部制动螺旋，转动微动螺旋使水平度盘的读数精确为 $90°+a_1$ 定出 *B* 点的方向。沿 *OB* 方向精确量出 $OB_1=10$ m 定标志并定点划线为 B_1 点。 3. 盘右：瞄准目标点 *A*，读取水平度盘的读数 a_2 记入手簿；松开水平制动螺旋，顺时针旋转照准部，使水平度盘的读数在 $90°+a_1$ 附近，拧紧照准部制动螺旋，转动微动螺旋使水平度盘的读数精确为 $90°+a_2$，定出 *B* 点的方向。沿 *OB* 方向精确量出 $OB_2=10$ m 定标志并定点划线为 B_2 点。 4. 如果 B_1 和 B_2 重合，则 B_1、B_2 就是 *B* 点；如果 B_1 和 B_2 不重合，且偏差不超过精度要求，则 B_1、B_2 的中点就是 *B* 点。钉桩，若偏差超过精度则重新测设。 5. 用测回法重测∠*AOB* 是否为 90°，进行校核。
实训(验)分析及体会： 1. 我在操作中发现…… 2. 我认为……更准确 3. …… 4. ……

表 6-20 "水平角测设"实训个人评分表

姓名：　　　　　　　　　　　　　　同组成员：

项目	子项	分值	得分
专业能力	懂作业程序	20	
	能规范操作	20	
	数据符合精度要求	20	
个人能力	能有序收集信息	10	
	有记录和计算能力	10	
社会能力	团结协作能力	10	
	沟通能力	10	
合计		100	

表 6-21 "水平角测设"实训小组相互评分表

实训名称：水平角测设　　　　　时间：

评价小组名称：　　　　　　　　评价小组组长(签名)：

组名	专业能力(40 分)	协作能力(30 分)	完成精度(30 分)	合计

本案学习与准备：

[复习资料]

1. 水平角测设的方法有 一般方法 、 精密方法 、简易方法 。

2. 水平制动螺旋经检查没有发现问题，但在观测过程中发现微动螺旋失效，其原因是 没有将水平制动螺旋制紧 。

实训 4　建筑物的定位放线(经纬仪)

一、“建筑物的定位放线(经纬仪)”实训任务书

如图 6-2 所示，准确地确定拟建房屋的位置。

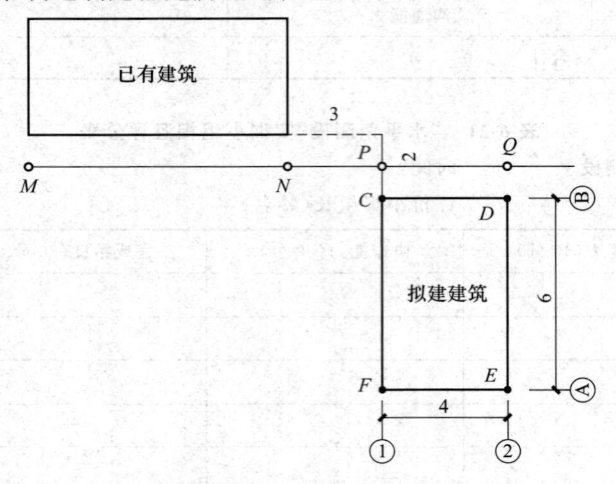

图 6-2　建筑物的定位放线(经纬仪)

工作任务：(1)测量小组拟定完整的测量方案；

(2)现场定出角桩；

(3)验桩校核。

二、“建筑物的定位放线(经纬仪)”实训指导书

(一)实训基本目标

能根据已有的建筑物和拟建建筑物与已有建筑物的相对位置关系用经纬仪等进行建筑物的定位。

1. 知识目标

知道如何使用建筑物的定位依据，会依据建筑总平面图进行建筑物的定位。

2. 能力目标

能依据建筑总平面图进行建筑物的定位。

(二)实训计划与仪器、工具准备

(1)实训时数安排为 4 课时。

(2)每组实训准备：DJ6 光学经纬仪 1 台、30 m 钢尺 1 把、木桩 10 根、锤 1 把、标杆 2 根。

(三)实训任务与测量小组分工

(1)实训任务：准确地确定拟建房屋的位置。

(2)测量小组分工：四人一组[量距尺手两人、一名记录员(兼钉桩员)、一名仪器操作员]，按测量岗位分工轮流协作训练。

(四)实训参考方法与步骤

如图 6-2 所示，准确地确定拟建房屋的位置。

(1)先计算拟建建筑与已有建筑的相对关系。

(2)根据条件作出 MN 直线，用木桩在地面上放出 M、N。

(3)核准 MN 平行于已有建筑物相应轴线后，在 M 点桩上安置经纬仪，找出 P、Q 两点并定出木桩。

(4)在 P 点桩上安置经纬仪，找出 C、F 两点，并定出木桩。

(5)在 Q 点桩上安置经纬仪，找出 D、E 两点，并定出木桩。

(6)复核。

(7)精度：边长相对误差小于 1/3 000，角度偏差小于 $1'$。

(五)注意事项

(1)在测设方向时要盘左、盘右取平均。

(2)仪器要严格对中、整平。

(3)后视方向一定要准确。

■ 三、“建筑物的定位放线(经纬仪)”实训记录

相关表格见表 6-22、表 6-23。

表 6-22 “建筑物的定位放线(经纬仪)”实训仪器借用表

<table>
<tr><td>班级</td><td>×××班</td><td rowspan="11">借用仪器工具</td><td>名称</td><td>数量</td></tr>
<tr><td>小组</td><td>第×小组</td><td>DJ6 型光学经纬仪</td><td>1 台</td></tr>
<tr><td colspan="2">小组成员名单</td><td>30 m 钢尺</td><td>1 把</td></tr>
<tr><td></td><td></td><td>木桩</td><td>10 根</td></tr>
<tr><td></td><td></td><td>锤</td><td>1 把</td></tr>
<tr><td></td><td></td><td>标杆</td><td>2 根</td></tr>
<tr><td></td><td></td><td></td><td></td></tr>
<tr><td></td><td></td><td></td><td></td></tr>
<tr><td></td><td></td><td></td><td></td></tr>
<tr><td></td><td></td><td></td><td></td></tr>
<tr><td>借用地点</td><td>实训专用场</td><td></td><td></td></tr>
<tr><td>借用日期</td><td></td><td colspan="2">借用人</td><td>×××(组长)</td></tr>
<tr><td>交还日期</td><td></td><td colspan="2">指导老师</td><td></td></tr>
</table>

表 6-23 “建筑物定位放线(经纬仪)”实训情况表

班级：×××班　　　　　　　　　　天气：××

实训时间	实训名称	组长	×××
×年×月×日	**建筑物的定位放线(经纬仪)**	副组长	×××

	仪器(工具)名	数量	完好度	数量	完好度	归还时间
仪器借用情况	DJ6 型光学经纬仪	1 台				
	30 m 钢尺	1 把				
	木桩	10 根				
	锤	1 把				
	标杆	2 根				

	成员名单	操作情况	初评成绩	核定成绩	备注
实习情况					

注意事项	1. 组长负责领用、清点、归还仪器及工具。 2. 小组成员必须服从老师和组长的安排。 3. 任何人损坏仪器及工具均应按律赔偿。 4. 严禁错误操作。 5. 借还用具时请走远离教室的楼梯和楼道，不准大声喧哗。 6. 在行走途中应注意保护仪器和工具。 7. 成绩按每次实训 10 分为满分评定，由组长初评成绩，由老师核定成绩。

■ 四、“建筑物的定位放线(经纬仪)”实训报告(参考)

相关表格见表 6-24～表 6-26。

表 6-24 “建筑物的定位放线(经纬仪)”实训报告(参考)

实训(验)日期：×年×月×日　　　　第×周×节

实训(验)任务：根据已有的建筑物和拟建建筑物与已有建筑物的相对位置，用经纬仪等进行建筑物的定位放线。

实训(验)目标：知道如何使用建筑物的定位依据，会依据建筑总平面图进行建筑物的定位放线。

实训(验)内容：

如下图所示：

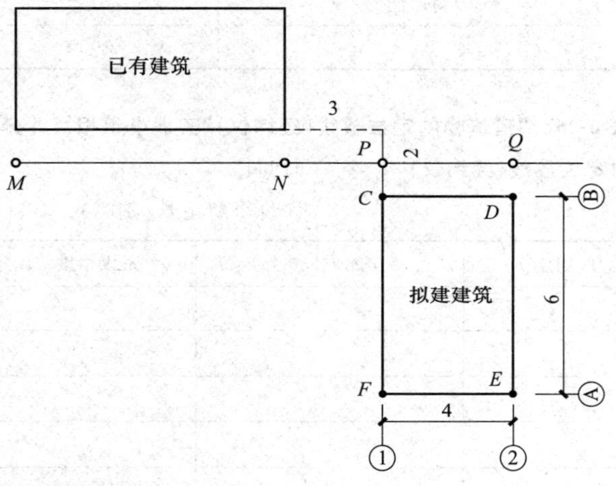

1. 先计算拟建建筑与已有建筑的相对关系。

2. 根据条件作出 *MN* 直线，用木桩在地面上放出 *M*、*N*。

3. 核准 *MN* 平行于已有建筑物的相应轴线后，在 *M* 点桩上安置经纬仪，找出 *P*、*Q* 两点并定出木桩。

4. 在 *P* 点桩上安置经纬仪，找出 *C*、*F* 两点，并定出木桩。

5. 在 *Q* 点桩上安置经纬仪，找出 *D*、*E* 两点，并定出木桩。

6. 复核。

7. 精度：边长相对误差小于 1/3 000，角度偏差小于 1′。

实训(验)分析及体会：

1. 我在操作中发现……

2. 我认为……更准确

3. ……

4. ……

表 6-25 “建筑物的定位放线(经纬仪)”实训个人评分表

姓名：　　　　　　　　　　　　同组成员：

项目	子项	分值	得分
专业能力	懂作业程序	20	
	能规范操作	20	
	数据符合精度要求	20	
个人能力	能有序收集信息	10	
	有记录和计算能力	10	
社会能力	团结协作能力	10	
	沟通能力	10	
合计		100	

表 6-26 “建筑物的定位放线(经纬仪)”实训小组相互评分表

实训名称：建筑物的定位放线(经纬仪)　　　　时间：

评价小组名称：　　　　　　　　　　　　　　评价小组组长(签名)：

组名	专业能力(40 分)	协作能力(30 分)	完成精度(30 分)	合计

实训5 建筑物定位放线(全站仪)

■ 一、“建筑物的定位放线(全站仪)”实训任务书

如图6-3所示，以A、B为控制点测设某矩形平面布置的建筑物。其主轴线交点为C、D、E、F，已知$DE=CF=8.400$ m，A、B、C、D点的坐标已知(表6-27)。请用全站仪放样方法定出C、D、E、F角桩。精度：角度偏差$\leqslant \pm 20''$，$k_{允}=\frac{1}{15\ 000}$。

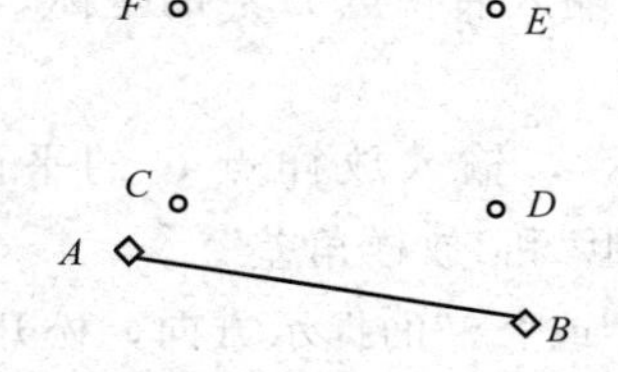

图6-3 建筑物的定位放线(全站仪)

表6-27 已知点的坐标数值

已知控制点坐标			已知轴线交点坐标		
点号	X	Y	点号	X	Y
A	106.400	260.130	C	118.600	267.230
B	106.400	288.630	D	121.600	287.330
计算已知轴线交点坐标			E	待算	待算
			F	待算	待算

■ 二、“建筑物的定位放线(全站仪)”实训指导书

(一)实训基本目标

掌握使用全站仪进行施工放样的操作方法。

1. 知识目标

知道全站仪放样程序的应用，会建筑物定位放线的方法。

2. 能力目标

学会施工测量的放样数据的计算方法和施测步骤。

(二)实训计划与仪器、工具准备

(1)实训时数安排为4课时。

(2)每组实训准备：全站仪1台、三脚架3个、棱镜2个、钢尺1把、木桩8根、锤1把、测钎若干，自备铅笔和计算纸张。

(三)实训任务与测量小组分工

(1)实训任务：根据已有控制点定出某建筑物的轴线交点 C、D、E、F。

(2)测量小组分工：四人一组(一名仪器操作员、一名放样员、一名钉桩员、一名记录员)，按测量岗位分工轮流协作训练

(四)实训参考方法与步骤

(1)数据准备：根据已知数据计算出 E、F 点的坐标。

(2)仪器安置：在测站点 A 上安置全站仪，在后视点 B 上安置棱镜。

(3)用全站仪的坐标放样程序放样。

1)步骤：在已知点 A 设测站：开机进入主菜单，进入放样程序。输入测站点 A 的坐标。返回放样菜单设置后视点 B(输入后视点 B 点的坐标)，照准后视点 B，返回放样菜单。

2)实施放样：

①选取“放样测量”→“坐标”，输入放样点 C 的平面坐标(118.600，267.230)，按“OK”键，屏幕上会显示“放样平距”和“放样角差”。

②根据屏幕上“放样角差”“←”或“→”的提示方向，松开全站仪制动螺旋，通过水平方向旋转全站仪，使“放样角差”数值变为“$0°00'00''$”(注意：在调整放样角差时，当“放样角差”值小于 $2'$时，可以固定水平方向制动螺旋，通过水平微动螺旋将“放样角差”调整为“$0°00'00''$”)。

③仪器操作员指挥放样员拿着棱镜左、右移动，使棱镜中心位于仪器竖丝上，将全站仪望远镜上、下转动(注意不能左、右转动)，照准棱镜，测量距离，根据仪器面板上“放样平距”“↑”或“↓”的提示，沿仪器的方向线前、后移动适当的距离，将桩放在放样点 C 的大致位置上，再将棱镜放在桩中心测量距离，判断 C 点是否在桩范围内，如 C 点不在桩范围内，继续调整桩位置，直至 C 点位于桩范围内为止。

④仪器操作员通过全站仪望远镜指挥放样员用笔尖在桩前侧左、右移动，直至笔尖与十字丝的竖丝重合，此时用笔尖在桩上画一个标记；同理，在桩后侧再找一个与仪器竖丝重合的标记点。用钢尺将这两个标记点以直线相连，C 点则位于该直线上。

⑤选取桩上其中的一个标记点，在该点上安置棱镜，用全站仪测量 O 点至该棱镜的距离，根据仪器上的提示前、后移动距离值，用钢尺沿桩上的直线量取放样点 C 的位置，并做好标记。再将棱镜安置在确定好的 C 点，用全站仪检测放样位置是否正确。

同理，可测设出 D、E、F 点。

(4)校核：量出 C、D、E、F 对角线及边的距离，用勾股定理法检验复核。满足精度要求即可。

(五)注意事项

(1)操作前必须掌握全站仪放样的原理和操作步骤。

(2)进行方向放样时，先从望远镜瞄准器内指挥放样员左、右移动，直至放样员接近仪器视线方向时再从望远镜内指挥放样员左、右移动。

(3)照准棱镜时一定要让十字丝的中心对准棱镜中心。

(4)用笔尖找方向时，要保持笔尖竖直。

(5)最后检测时可以采用坐标测量进行检测，也可以根据距离和角度检测。

三、“建筑物的定位放线(全站仪)”实训记录

相关表格见表6-28、表6-29。

表6-28 “建筑物的定位放线(全站仪)”实训仪器借用表

班级	×××班	借用仪器工具	名称	数量
小组	第×小组		全站仪	1台
小组成员名单			钢尺	1把
			木桩	8根
			锤	1把
			标杆	8根
			三脚架	3个
			棱镜	2个
借用地点	实训专用场			
借用日期		借用人	×××(组长)	
交还日期		指导老师		

表 6-29 “建筑物的定位放线(全站仪)”实训情况表

班级：×××班　　　　　　　　　　天气：××

实训时间	实训名称				组长	×××
×年×月×日	建筑物的定位放线(全站仪)				副组长	×××
仪器借用情况	仪器(工具)名	数量	完好度	数量	完好度	归还时间
	全站仪	1 台				
	钢尺	1 把				
	木桩	8 根				
	锤	1 把				
	标杆	8 根				
	三脚架	3 个				
实习情况	成员名单	操作情况		初评成绩	核定成绩	备注
注意事项	1. 组长负责领用、清点、归还仪器及工具。 2. 小组成员必须服从老师和组长的安排。 3. 任何人损坏仪器及工具均应按律赔偿。 4. 严禁错误操作。 5. 借还用具时请走远离教室的楼梯和楼道，不准大声喧哗。 6. 在行走途中应注意保护仪器和工具。 7. 成绩按每次实训 10 分为满分评定，由组长初评成绩，由老师核定成绩。					

■ 四、"建筑物的定位放线(全站仪)"实训报告(参考)

相关表格见表 6-30～表 6-32。

表 6-30 "建筑物的定位放线(全站仪)"实训报告(参考)

实训(验)日期：×年×月×日　　　　第×周×节

实训(验)任务：**根据已知控制点测设某建筑物的轴线交点 *C*、*D*、*E*、*F* 并使之达到精度要求。**
实训(验)目标：**知道全站仪放样程序的应用，学会建筑物定位放线的方法。**
实训(验)内容： **1. 数据准备** **2. 仪器安置** **3. 用全站仪的坐标放样程序放样** **4. 校核**
实训(验)分析及体会： 1. 我在操作中发现…… 2. 我认为……更准确 3. …… 4. ……

表 6-31 “建筑物的定位放线(全站仪)”实训个人评分表

姓名：　　　　　　　　　　　　同组成员：

项目	子项	分值	得分
专业能力	懂作业程序	20	
	能规范操作	20	
	数据符合精度要求	20	
个人能力	能有序收集信息	10	
	有记录和计算能力	10	
社会能力	团结协作能力	10	
	沟通能力	10	
合计		100	

表 6-32 “建筑物的定位放线(全站仪)”实训小组相互评分表

实训名称：建筑物的定位放线(全站仪)　　　　时间：

评价小组名称：　　　　　　　　　　　　评价小组组长(签名)：

组名	专业能力(40 分)	协作能力(30 分)	完成精度(30 分)	合计

本案学习知识准备：

[复习资料]

1. 建筑物的定位

建筑物的定位就是在地面上确定建筑物的位置，即根据设计条件，将建筑物外廓的各轴线交点测设到地面上，称为定位桩(又称为角桩)，作为基础和细部放样的依据。放样定位的方法很多。实训要求根据与原有建筑物的关系定位和根据控制点的坐标定位。

2. 建筑物的放线

建筑物的放线是指根据定位的主轴线桩，详细测设其他各轴线交点的位置，并用木桩(桩上钉小钉)标定出来，称为中心桩，并据此按基础宽和放坡宽用白灰线撒出基槽边界线。

(1)根据已定位的外墙轴线交点桩(角桩)测设出其他各轴线(内墙)交点的位置，并打桩表示(中心桩)。

(2)根据基础宽和放坡宽、工作面宽用白灰撒出基槽开挖边线。

(3)基槽开挖后，角桩与中心桩被挖掉，为便于施工中确定轴线位置，将轴线延长到槽外安全地点，以木桩表示，常用方法有设置轴线控制桩和龙门板。

1)轴线控制桩(又称引桩)：引桩一般钉设在基础开挖范围以外 2～4 m、不受施工干扰、便于引测和保存桩位的地方。也可以将轴线投测到周围建筑物上，做好标志，代替引桩。

2)龙门板：

①设置距基槽上口边线为 1～1.5 m 处侧面与基槽平行的龙门桩。

②在龙门桩上测设±0.000 或比其高或低某一数值的线。

③按标定同一标高线钉龙门板，顶面位于同一标高。

④根据轴线桩或定位桩将轴线投至龙门板顶面标定。

⑤放墙宽、基础宽、基槽宽到龙门板上，用石灰撒边线。

7 变形观测实训

实训 1 沉降观测

■ 一、"沉降观测"实训任务书

本实训项目主要完成某教学主楼的沉降观测与分析工作。

某教学主楼的整体框架结构：中部由立柱支撑，总长为 70 m，宽为 20 m，高为 20 m，中部长为 50 m，高为 60 m，其平面布置如图 7-1 所示。

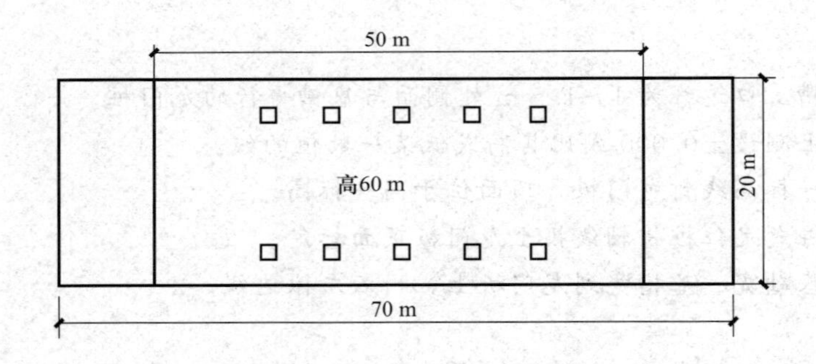

图 7-1 某教学楼主楼的平面布置

工作任务：(1)测量小组拟定完整的测量方案；

(2)对教学主楼进行沉降观测；

(3)根据沉降观测数据进行分析和总结。

■ 二、"沉降观测"实训指导书

(一)实训基本目标

能根据已有知识对建筑物进行沉降观测与分析工作。

1. 知识目标

(1)掌握建筑物沉降观测的观测点、基准点点位的选定与设计方法。

(2)掌握建筑物沉降观测的线路设计、观测方法与观测技能。

(3)理解建筑物沉降观测周期与频率思路。

(4)掌握沉降观测数据处理的基本方法。

2. 能力目标

能对建筑物进行沉降观测。

(二)实训计划与仪器、工具准备

(1)实训时数安排为2课时。

(2)每组实训准备：精密水准仪、三脚架、铟瓦水准尺、尺垫、沉降点标志，自备铅笔、计算器和记录计算表、记录夹等。

(三)实训任务与测量小组分工

(1)实训任务：完成某教学主楼整体框架结构的沉降观测。

(2)测量小组分工：四人一组(扶尺两人、一名记录员、一名仪器操作员)，按测量岗位分工轮流协作训练。

(四)实训参考方法与步骤

1. 准备工作

(1)参观现场，了解沉降监测大楼的状态及周边环境状况。

(2)依据精度合理、技术可行及经济节省的原则，进行沉降监测网室内图设计(包括基准点、观测点及路线设计)。

(3)完成沉降观测网点的埋设实施方法设计。

(4)完成观测路线及观测方案(精度、周期、方法)设计。

2. 实验工作

(1)观摩(或实施)监测大楼已有沉降观测监测网的点位选定和埋设方法。

(2)小组合作完成沉降观测的线路设计与观测实践工作。

(3)平差计算各观测点的高程。

(4)运用几何展点或Excel绘制沉降曲线图。

3. 分析与总结

(1)对比与现场实施的沉降观测设计，分析各自的优、劣点。

(2)综合前期观测成果，分析大楼沉降状况。

(3)总结实验观测过程，提高实施建筑物沉降观测的认知。

(五)注意事项

(1)实验时人人要集中精力、团结互谅。

(2)观测记录应实事求是、认真负责。

(3)确保人身及仪器设备的安全。

三、沉降观测结果及曲线图

沉降观测结果见表 7-1，曲线图如图 7-2 所示。

表 7-1　沉降观测结果

观测日期：×年×月×日	观测结果(高程)					
	观测点 1	观测点 2	观测点 3	观测点 4	观测点 5	观测点 6

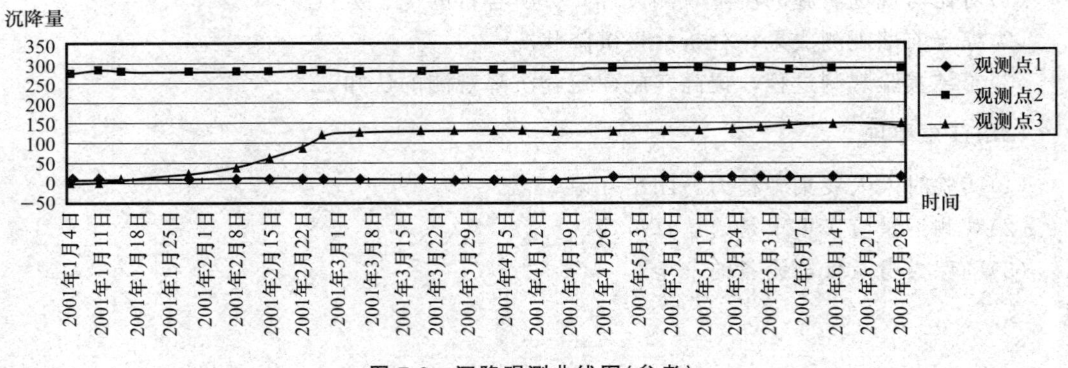

图 7-2　沉降观测曲线图(参考)

■ 四、“沉降观测”实训记录

相关表格见表 7-2、表 7-3。

表 7-2 “沉降观测”实训仪器借用表

班级	×××班	借用仪器工具	名称	数量
小组	第×小组		精密水准仪	1 台
小组成员名单			铟瓦水准尺	2 把
			尺垫	2 个
			沉降点标志	8 个
			三脚架	1 个
借用地点	实训专用场			
借用日期		借用人	×××(组长)	
交还日期		指导老师		

表 7-3 “沉降观测”实训情况表

班级：×××班　　　　　　　　　　天气：××

实训时间	实训名称				组长	×××
×年×月×日	**沉降观测**				副组长	×××
仪器借用情况	仪器(工具)名	数量	完好度	数量	完好度	归还时间
	精密水准仪	**1 台**				
	铟瓦水准尺	**2 把**				
	尺垫	**2 个**				
	沉降点标志	**8 个**				
	三脚架	**1 个**				
实习情况	成员名单	操作情况		初评成绩	核定成绩	备注
注意事项	1. 组长负责领用、清点、归还仪器及工具。 2. 小组成员必须服从老师和组长的安排。 3. 任何人损坏仪器及工具均应按律赔偿。 4. 严禁错误操作。 5. 借还用具时请走远离教室的楼梯和楼道，不准大声喧哗。 6. 在行走途中应注意保护仪器和工具。 7. 成绩按每次实训 10 分为满分评定，由组长初评成绩，由老师核定成绩。					

■ 五、“沉降观测”实训报告(参考)

相关表格见表 7-4～表 7-6。

表 7-4 “沉降观测”实训报告(参考)

实训(验)日期：×年×月×日　　　　第×周×节

实训(验)任务：完成某教学主楼的沉降观测与分析工作。
实训(验)目标：掌握建筑物沉降观测的线路设计、观测方法与观测技能。
实训(验)内容： 1. 参观现场，了解沉降监测大楼的状态及周边环境状况。 2. 依据精度合理、技术可行及经济节省的原则，独自进行沉降监测网室内图设计(包括基准点、观测点及路线设计)。 3. 完成沉降观测网点的埋设实施方法设计。 4. 完成观测路线及观测方案(精度、周期、方法)设计。 5. 观摩(或实施)监测大楼已有沉降观测监测网的点位选定和埋设方法。 6. 小组合作完成沉降观测的线路设计与观测实践工作。 7. 独自平差计算各观测点的高程。 8. 运用几何展点或 Excel 绘制沉降曲线图。
实训(验)分析及体会： 1. 我在操作中发现…… 2. 我认为……更准确 3. …… 4. ……

表 7-5 “沉降观测”实训个人评分表

姓名：　　　　　　　　　　　　　　同组成员：

项目	子项	分值	得分
专业能力	懂作业程序	20	
	能规范操作	20	
	数据符合精度要求	20	
个人能力	能有序收集信息	10	
	有记录和计算能力	10	
社会能力	团结协作能力	10	
	沟通能力	10	
合计		100	

表 7-6 “沉降观测”实训小组相互评分表

实训名称：**沉降观测**　　　　　　　　　　时间：

评价小组名称：　　　　　　　　　　　　　评价小组组长(签名)：

组名	专业能力(40 分)	协作能力(30 分)	完成精度(30 分)	合计

本案学习与准备：

［复习资料］

用水准测量的方法对建筑物进行沉降观测，即周期性地观测建筑物上的沉降观测点和水准基点之间的高差变化值，这是目前沉降观测中最为常用的方法。

(1)水准基点的布设。水准基点是沉降观测的基准，因此水准基点的布设应满足以下要求：

1)要有足够的稳定性。水准基点必须设置在沉降影响范围以外，冰冻地区水准基点应埋设在冰冻线以下 0.5 m。

2)要具备检核条件。为了保证水准基点高程的正确性，水准基点最少应布设三个，以便相互检核。

3)要满足一定的观测精度。水准基点和观测点之间的距离应适中，相距太远会影响观测精度，一般应在 100 m 范围内。

(2)沉降观测点的布设。对需进行沉降观测的建筑物，应埋设沉降观测点，沉降观测点的布设应满足以下要求：

1)沉降观测点的位置。沉降观测点应布设在能全面反映建筑物沉降情况的部位，如建筑物四角、沉降缝两侧、荷载有变化的部位、大型设备基础、柱子基础和地质条件变化处。

2)沉降观测点的数量。一般沉降观测点是均匀布置的，它们之间的距离一般为 10～20 m。

3)沉降观测点的设置形式如图 7-3 所示。

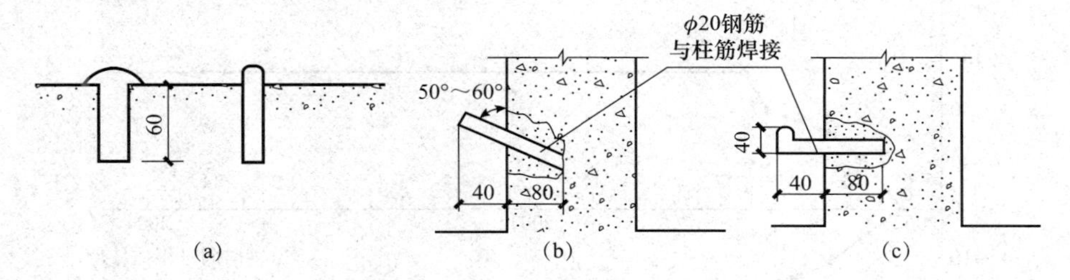

图 7-3　沉降观测点的设置形式

(3)沉降观测。

1)观测周期。观测的时间和次数，应根据工程的性质、施工进度、地基地质情况及基础荷载的变化情况而定。

①当埋设的沉降观测点稳固后，在建筑物主体开工前，进行第一次观测。

②在建筑物主体施工过程中，一般每盖 1～2 层观测一次。如中途停工时间较长，应在停工时和复工时进行观测。

③当发生大量沉降或严重裂缝时，应立即或几天一次连续观测。

④建筑物封顶或竣工后，一般每月观测一次，如果沉降速度减缓，可改为 2～3 个月观测一次，直至沉降稳定为止。

2)观测方法。观测时先后视水准基点，接着依次前视各沉降观测点，最后再次后视该水准基点，两次后视读数之差不应超过±1 mm。另外，沉降观测的水准路线(从一个水准基点到另一个水准基点)应为闭合水准路线。

3)精度要求。沉降观测的精度应根据建筑物的性质而定。

①多层建筑物的沉降观测，可采用DS3水准仪，用普通水准测量的方法进行，其水准路线的闭合差不应超过$\pm 2.0\sqrt{n}$ mm(n为测站数)。

②高层建筑物的沉降观测，则应采用DS1精密水准仪，用二等水准测量的方法进行，其水准路线的闭合差不应超过$\pm 1.0\sqrt{n}$ mm(n为测站数)。

(4)沉降观测的成果整理。

1)整理原始记录。每次观测结束后，应检查记录的数据和计算是否正确，精度是否合格，然后调整高差闭合差，推算出各沉降观测点的高程，并填入“沉降观测表”中。

2)计算沉降量。计算内容和方法如下：

①计算各沉降观测点的本次沉降量：

沉降观测点的本次沉降量＝本次观测所得的高程－上次观测所得的高程

②计算累积沉降量：

累积沉降量＝本次沉降量＋上次累积沉降量

将计算出的沉降观测点的本次沉降量、累积沉降量和观测日期、荷载情况等记入“沉降观测表”中。

3)绘制沉降曲线图，如图7-4所示，沉降曲线分为两部分，即时间与沉降量关系曲线和时间与荷载关系曲线。

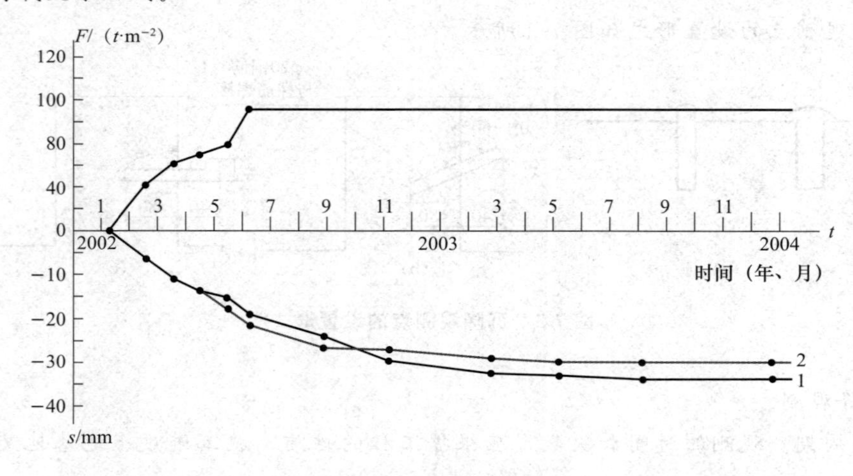

图7-4　沉降曲线图

①绘制时间与沉降量关系曲线。首先，以沉降量s为纵轴，以时间t为横轴，组成直角坐标系。然后，以每次累积沉降量为纵坐标，以每次观测日期为横坐标，标出沉降观测点的位置。最后，用曲线将标出的各点连接起来，并在曲线的一端注明沉降观测点号码，这样就绘制出了时间与沉降量关系曲线，如图7-4所示。

②绘制时间与荷载关系曲线。首先，以荷载为纵轴，以时间为横轴，组成直角坐标系。再根据每次观测时间和相应的荷载标出各点，将各点连接起来，即可绘制出时间与荷载关系曲线，如图7-4所示。

实训 2　倾斜观测

■ 一、"倾斜观测"实训任务书

本实训项目主要完成所在学校一幢教学主楼的倾斜观测与分析工作。

工作任务：(1)测量小组拟定完整的倾斜观测测量方案；

(2)对教学主楼进行倾斜观测；

(3)根据倾斜观测数据进行分析和总结。

■ 二、"倾斜观测"实训指导书

(一)实训基本目标

会进行建筑物的倾斜观测。

1. 知识目标

知道建筑物倾斜的原因，了解倾斜观测的目的。

2. 能力目标

能进行建筑物的倾斜观测的实施。

(二)实训计划与仪器、工具准备

(1)实训时数安排为 2 课时。

(2)每组实训准备：DJ6 经纬仪 1 台、计算器、记录板，自备铅笔、计算器和记录计算表、记录夹等。

(三)实训任务与测量小组分工

(1)实训任务：根据指定教学主楼进行倾斜观测。

(2)测量小组分工：四人一组(扶尺两人、一名记录员、一名操作员)，按测量岗位分工协作实训。

(四)实训参考方法与步骤

(1)将经纬仪安置在固定测站上，该测站到建筑物的距离为建筑物高度的 1.5 倍以上。

(2)如图 7-5 所示，瞄准建筑物 X 墙面上部的观测点 M，用盘左、盘右分中投点法，定出下部的观测点 N。用同样的方法，在与 X 墙面垂直的 Y 墙面上定出上观测点 P 和下观测点 Q。

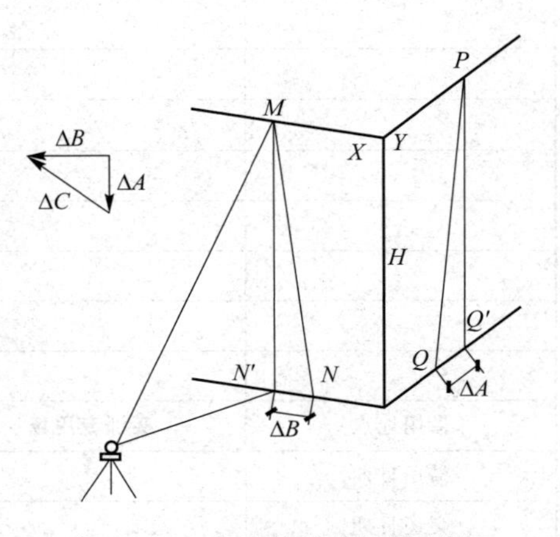

图 7-5　一般建筑物的倾斜观测

(3)隔一段时间后，在原固定测站上，安置经纬仪，分别瞄准上观测点 M 和 P，用盘左、盘右分中投点法，得到 N' 和 Q'。如果 N 与 N'、Q 与 Q' 不重合，说明建筑物发生了倾斜。

(4)用尺子量出 X、Y 墙面的偏移值 ΔA、ΔB，然后用矢量相加的方法，计算出该建筑物的总偏移值 ΔD，即

$$AD=\sqrt{\Delta A^2+\Delta B^2}$$

计算建筑物的倾斜度 i 的公式如下：

$$i=\frac{\Delta D}{H}\tan\alpha$$

式中　H——建筑物的高度(m)；

α——倾斜角[(°)]。

(五)注意事项

(1)在投测点时一定要使用正倒镜法。

(2)投测距离一定要在楼高 1.5 倍以外的地方。

(3)投测的两个方向一定要相互垂直。

■ 三、"倾斜观测"实训记录

相关表格见表 7-7、表 7-8。

表 7-7　"倾斜观测"实训仪器借用表

班级	×××班	借用仪器工具	名称	数量
小组	第×小组		DJ6 经纬仪	1 台
小组成员名单				
借用地点	实训专用场			
借用日期		借用人	×××(组长)	
交还日期		指导老师		

表 7-8 “倾斜观测”实训情况表

班级：×××班　　　　　　　　天气：××

<table>
<tr><td>实训时间</td><td colspan="5">实训名称</td><td>组长</td><td>×××</td></tr>
<tr><td>×年×月×日</td><td colspan="5">**倾斜观测**</td><td>副组长</td><td>×××</td></tr>
</table>

<table>
<tr><td rowspan="13">仪器
借用情况</td><td>仪器(工具)名</td><td>数量</td><td>完好度</td><td>数量</td><td>完好度</td><td>归还时间</td></tr>
<tr><td>**DJ6 经纬仪**</td><td>**1 台**</td><td></td><td></td><td></td><td></td></tr>
<tr><td></td><td></td><td></td><td></td><td></td><td></td></tr>
<tr><td></td><td></td><td></td><td></td><td></td><td></td></tr>
<tr><td></td><td></td><td></td><td></td><td></td><td></td></tr>
<tr><td></td><td></td><td></td><td></td><td></td><td></td></tr>
<tr><td></td><td></td><td></td><td></td><td></td><td></td></tr>
<tr><td></td><td></td><td></td><td></td><td></td><td></td></tr>
<tr><td></td><td></td><td></td><td></td><td></td><td></td></tr>
<tr><td></td><td></td><td></td><td></td><td></td><td></td></tr>
<tr><td></td><td></td><td></td><td></td><td></td><td></td></tr>
<tr><td></td><td></td><td></td><td></td><td></td><td></td></tr>
<tr><td></td><td></td><td></td><td></td><td></td><td></td></tr>
</table>

<table>
<tr><td rowspan="14">实习情况</td><td>成员名单</td><td>操作情况</td><td>初评成绩</td><td>核定成绩</td><td>备注</td></tr>
<tr><td></td><td></td><td></td><td></td><td></td></tr>
<tr><td></td><td></td><td></td><td></td><td></td></tr>
<tr><td></td><td></td><td></td><td></td><td></td></tr>
<tr><td></td><td></td><td></td><td></td><td></td></tr>
<tr><td></td><td></td><td></td><td></td><td></td></tr>
<tr><td></td><td></td><td></td><td></td><td></td></tr>
<tr><td></td><td></td><td></td><td></td><td></td></tr>
<tr><td></td><td></td><td></td><td></td><td></td></tr>
<tr><td></td><td></td><td></td><td></td><td></td></tr>
<tr><td></td><td></td><td></td><td></td><td></td></tr>
<tr><td></td><td></td><td></td><td></td><td></td></tr>
<tr><td></td><td></td><td></td><td></td><td></td></tr>
<tr><td></td><td></td><td></td><td></td><td></td></tr>
</table>

<table>
<tr><td>注意事项</td><td>1. 组长负责领用、清点、归还仪器及工具。
2. 小组成员必须服从老师和组长的安排。
3. 任何人损坏仪器及工具均应按律赔偿。
4. 严禁错误操作。
5. 借还用具时请走远离教室的楼梯和楼道，不准大声喧哗。
6. 在行走途中应注意保护仪器和工具。
7. 成绩按每次实训 10 分为满分评定，由组长初评成绩，由老师核定成绩。</td></tr>
</table>

■ 四、“倾斜观测”实训报告(参考)

相关表格见表 7-9～表 7-11。

表 7-9 “倾斜观测”实训报告(参考)

实训(验)日期：×年×月×日 第×周×节

实训(验)任务：完成某教学主楼的倾斜观测与分析工作。
实训(验)目标：掌握建筑物倾斜观测程序设计、观测方法与观测技能。
实训(验)内容： 1. 将经纬仪安置在固定测站上，该测站到建筑物的距离为建筑物高度的 1.5 倍以上。 2. 瞄准建筑物 X 墙面上部的观测点 M，用盘左、盘右分中投点法，定出下部的观测点 N。用同样的方法，在与 X 墙面垂直的 Y 墙面上定出上观测点 P 和下观测点 Q。 3. 隔一段时间后，在原固定测站上，安置经纬仪，分别瞄准上观测点 M 和 P，用盘左、盘右分中投点法，得到 N' 和 Q'。如果 N 与 N'、Q 与 Q' 不重合，说明建筑物发生了倾斜。 4. 用尺子量出 X、Y 墙面的偏移值 ΔA、ΔB，然后用矢量相加的方法，计算出该建筑物的总偏移值 ΔD，即 $$AD=\sqrt{\Delta A^2+\Delta B^2}$$ 建筑物的倾斜度 i 的计算公式如下： $$i=\frac{\Delta D}{H}=\tan\alpha$$ 式中 H——建筑物的高度(m)； α——倾斜角[(°)]。
实训(验)分析及体会： 1. 我在操作中发现…… 2. 我认为……更准确 3. …… 4. ……

表 7-10 "倾斜观测"实训个人评分表

姓名：　　　　　　　　　　　　　　同组成员：

项目	子项	分值	得分
专业能力	懂作业程序	20	
	能规范操作	20	
	数据符合精度要求	20	
个人能力	能有序收集信息	10	
	有记录和计算能力	10	
社会能力	团结协作能力	10	
	沟通能力	10	
合计		100	

表 7-11 "倾斜观测"实训小组相互评分表

实训名称：**倾斜观测**　　　　　　　　时间：

评价小组名称：　　　　　　　　　　　评价小组组长(签名)：

组名	专业能力(40 分)	协作能力(30 分)	完成精度(30 分)	合计

本案学习与准备：

[复习资料]

(1)**变形观测**是为了监测建筑物的变形情况，研究变形的**原因和规律**，为建筑物的设计、施工、管理和科学研究提供可靠的资料。

(2)**沉降观测**是指建筑物及其基础在**垂直方向上的变形**(也称为垂直位移)。通常采用精密水准测量或液体静力水准测量的方法进行。

(3)沉降观测涉及观测周期、观测方法、仪器要求和沉降观测的工作要求。

(4)"三定"原则：**由固定观测人员施测**；使用**固定的仪器**；**按规定的日期、方法及既定的路线、测站进行观测**。

(5)倾斜观测是用测量仪器来测定建筑物的**基础和主体结构**倾斜变化的工作，主要涉及建筑物主体、圆形建筑物主体、建筑物基础的倾斜观测。

(6)常用的裂缝观测方法有**石膏板标志**和**白簿钢板标志**。

(7)水平位移的观测方法有**角度前方交会法**、**导线交会法**、**基准线法**和**正倒镜垂线法**等。

参考文献

[1] 唐敏，等．建筑工程施工测量[M]．北京：清华大学出版社，2002.

[2] 常红星，赵阳，汪荣林．建筑工程测量实训指导[M]．北京：北京理工大学出版社，2009.

[3] 魏静．建筑工程测量学习指导与练习[M]．北京：高等教育出版社，2008.

[4] 魏静，李明庚．建筑工程测量[M]．北京：高等教育出版社，2002.

[5] 齐秀廷．道路工程测量实训[M]．北京：机械工业出版社，2005.

[6] 钟孝顺，聂让．测量学[M]．北京：人民交通出版社，1997.

[7] 廖春洪，王世奇．建筑施工测量[M]．北京：中国地质大学出版社，2007.

[8] 蓝善勇．建筑工程测量[M]．北京：中国水利水电出版社，2007.

[9] 郝亚东．建筑工程测量[M]．北京：北京邮电大学出版社，2012.

[10] 张保成．测量学实习指导与习题[M]．北京：人民交通出版社，2000.

[11] 杨晓平，王云江．建筑工程测量[M]．武汉：华中科技大学出版社，2006.

[12] 徐广翔．建筑工程测量[M]．上海：上海交通大学出版社，2005.

[13] 朱建军，贺跃光，曾卓乔．变形测量的理论与方法[M]．长沙：中南大学出版社，2004.

[14] 高井祥．测量学[M]．徐州：中国矿业大学出版社，2004.

[15] 覃辉，叶海青．土木工程测量[M]．上海：同济大学出版社，2006.

[16] 张正禄．工程测量学[M]．武汉：武汉大学出版社，2005.

[17] 李青岳．工程测量学[M]．3版．北京：测绘出版社，2008.